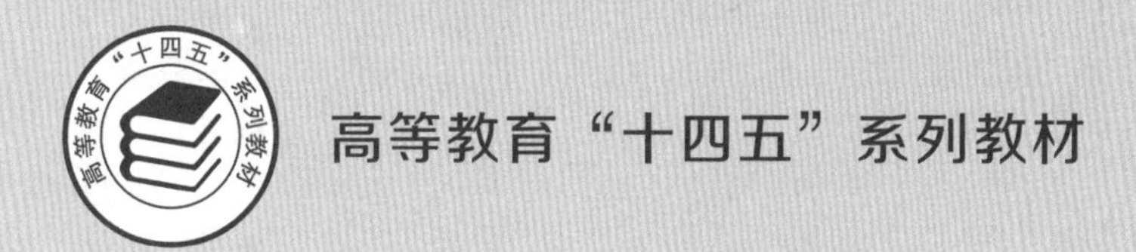

高等教育"十四五"系列教材

Android 移动应用基础教程（第2版）

吴晓凌　肖立　吴天乙 ◎ 编著

华中科技大学出版社
http://www.hustp.com
中国·武汉

内 容 简 介

本书是面向 Android 应用开发初学者的入门教材，内容基本涵盖了 Android 的主要技术，包括 Android 开发工具、基本界面设计、界面高级技术、Android 生命周期、多媒体和传感器、组件通信及系统服务、数据存储技术和网络通信技术等。本书可作为高等院校相关课程的教材，也可以作为爱好者的自学用书。

图书在版编目(CIP)数据

Android 移动应用基础教程/吴晓凌，肖立，吴天乙编著. —2 版. —武汉：华中科技大学出版社，2022.7 (2024.2 重印)

ISBN 978-7-5680-8502-1

Ⅰ.①A… Ⅱ.①吴… ②肖… ③吴… Ⅲ.①移动终端-应用程序-程序设计 Ⅳ.①TN929.53

中国版本图书馆 CIP 数据核字(2022)第 134587 号

Android 移动应用基础教程(第 2 版)
Android Yidong Yingyong Jichu Jiaocheng(Di-er Ban)

吴晓凌　肖立　吴天乙　编著

策划编辑：康　序
责任编辑：史永霞
责任监印：朱　玢
出版发行：华中科技大学出版社(中国·武汉)　电话：(027)81321913
武汉市东湖新技术开发区华工科技园　邮编：430223
录　　排：武汉创易图文工作室
印　　刷：武汉市首壹印务有限公司
开　　本：787mm×1092mm　1/16
印　　张：11
字　　数：296 千字
版　　次：2024 年 2 月第 2 版第 3 次印刷
定　　价：48.00 元

前言

PREFACE

Android是Google公司开发的基于Linux平台的开源手机操作系统。自诞生以来，经过不断的发展和完善，其功能日益强大，Android应用程序开发的需求量也在不断增长，各大高校也逐渐开设了相关课程。

本书主要从教学的角度全面介绍Android应用开发的核心知识，共8章。第1章主要讲解了Android的基础知识，包括Android起源、Android体系结构和开发环境搭建等。第2～3章主要讲解了如何使用布局和视图创建用户界面，介绍了用户图形界面的常用组件，还包括图像绘制技术和动画技术等较高级的内容。第4章主要讲解了Activity，包括生命周期、创建和使用等，读者可以大致了解Android各个组件的工作原理。第5章主要讲解了多媒体和传感器的知识，包括播放音频和视频、录音、拍照和传感器检测等。第6章主要讲解了Android中的两个组件后台服务和广播接收器，包括服务的创建和生命周期，广播的创建、发送与接收，以及组件间用于通信的Intent。第7章主要讲解了Android中的数据存储技术，包括SharedPreferences、文件存储、SQLite数据库和内容提供器等知识。第8章主要讲解了Android中的网络通信技术，包括使用Web视图、基于HTTP协议编程和使用Volley框架，并介绍了网络传输中的理想数据交换格式JSON。

本书由武汉生物工程学院组织一批有多年教学经验的计算机专业教师编写。其中，第1章由肖立和吴天乙编写，第2～8章由吴晓凌编写。武汉软帝信息科技有限责任公司李杰对全书进行了审定。

与第一版相比，本次修订了一些错误，增加了新的前沿知识，删减了比较陈旧的内容，增加了例题和示例代码，提高了可操作性。本书的编写受到武汉生物工程学院美育CPCT计划项目(2022M21)的资助，得到了武汉生物工程学院有关领导和同事以及华中科技大学出版社的领导和编辑的大力支持和帮助，在此向他们一并表示感谢。由于水平有限，书中可能出现错误或不妥之处，敬请批评指正。

为了方便教学，本书还配有电子课件等资料，任课教师可以发邮件至hustpeiit@163.com索取。

编　者

2022年6月

目录

CONTENTS

第1章 Android开发概述

本章主要讲解 Android 开发的基础知识，首先介绍 Android 系统及其体系结构，然后讲解 Android 开发环境的搭建，并通过一个 HelloWorld 程序来讲解如何开发 Android 程序，最后简要分析 Android 应用程序的目录结构和各文件功能。

本章的知识作为 Android 开发者的入门知识，要求初学者对 Android 开发有简单的了解，方便学习后面的知识。

1.1 Android 简介

1.1.1 Android 系统及其特征

Android 是 Google 公司专门为移动设备开发的平台，其中包含了操作系统、中间件和核心应用等。

Android 本义是指“机器人”，Google 公司将 Android 的标识设计为一个绿色机器人，表示 Android 系统符合环保概念，是一个轻薄短小、功能强大的移动系统，是第一个真正为手机打造的开放性系统。

Android 的底层使用开源的 Linux 操作系统，因此具有开放性、平等性、方便性及硬件丰富等特点。

1. 开放性

Android 从底层的操作系统到最上层的应用程序都是开放的，程序开发人员可以很方便地从网络上获取到源代码，可以对源代码进行分析和移植。

2. 平等性

Android 自带的程序和开发人员开发的应用程序是平等的，开发人员可以用自己的应用程序代替系统的程序，构建个性化的 Android 系统。

3. 方便性

Android 为开发人员提供了大量的实用组件库和方便的工具，开发人员只需编写几行代码就可以将功能强大的组件添加到自己的程序中。

4. 丰富的硬件

由于 Android 的开放性，众多的硬件制造商纷纷开发出各种各样的可以与 Android 系统兼容的产品，进一步丰富了 Android 系统的应用。

1.1.2 Android 的发展史

Android 一词最早出现于法国作家利尔·亚当在 1886 年发表的科幻小说《未来夏娃》中，将外表像人的机器起名为 Android。2003 年 10 月，安迪·罗宾（Andy Rubin）等人创建了 Android 公司，并组建了 Android 开发团队，最初的 Android 系统是一款针对数码相机开发的智能操作系统。

Google 公司于 2005 年收购了 Android 公司，并于 2007 年 11 月 5 日正式向外界展示了这款系统，从此 Android 取得了长足的发展，迅速占领了智能手机的市场份额。在 2010 年底，Android 已经超越称霸 10 年的诺基亚 Symbian 系统，成为全球最受欢迎的智能手机平台。

Android 的第 1 个版本 Android 1.1 在 2008 年 9 月发布，一经推出，Android 的版本升级非常快，几乎每隔半年就有一个新的版本发布。从 Android 1.5 版本开始，Android 用甜点作为系统版本的代号，而且按字母顺序排列。

从早期的 Android 1.5 C、Android 1.6 D 到最近的 Android 12.0 S 一直沿用这个传统，表 1-1 列出了 Android 系统各版本的发布时间及对应的 API 级别。

表 1-1 Android 的各版本及发布时间

版本号	API 级别	别名	发布时间
1.0	1		2008 年 9 月
1.1	2		2009 年 2 月
1.5	3	Cupcake（纸杯蛋糕）	2009 年 4 月
1.6	4	Donut（甜甜圈）	2009 年 9 月
2.0	5	Éclair（闪电泡芙）	2009 年 10 月
2.0.1	6	Éclair（闪电泡芙）	2009 年 12 月
2.1	7	Éclair（闪电泡芙）	2010 年 1 月
2.2～2.2.3	8	Froyo（冻酸奶）	2010 年 5 月
2.3～2.3.2	9	Gingerbread（姜饼）	2010 年 12 月
2.3.3～2.3.7	10	Gingerbread（姜饼）	2011 年 2 月
3.0	11	Honeycomb（蜂窝）	2011 年 2 月
3.1	12	Honeycomb（蜂窝）	2011 年 5 月
3.2	13	Honeycomb（蜂窝）	2011 年 7 月
4.0～4.0.2	14	Ice Create Sandwich（冰激凌三明治）	2011 年 10 月
4.0.3～4.0.4	15	Ice Create Sandwich（冰激凌三明治）	2011 年 12 月
4.1	16	Jelly Bean（果冻豆）	2012 年 6 月
4.2	17	Jelly Bean（果冻豆）	2012 年 10 月
4.3	18	Jelly Bean（果冻豆）	2013 年 7 月
4.4	19	KitKat（奇巧巧克力）	2013 年 10 月
4.4 W	20	KitKat_Watch	2014 年 6 月
5.0	21	Lollipop（棒棒糖）	2014 年 10 月
5.1	22	Lollipop（棒棒糖）	2015 年 3 月
6.0	23	Marshmallow（棉花糖）	2015 年 10 月
7.0	24	Nougat（牛轧糖）	2016 年 8 月
7.1	25	Nougat（牛轧糖）	2016 年 10 月
8.0	26	Oreo（奥利奥）	2017 年 8 月
8.1	27	Oreo（奥利奥）	2017 年 12 月
9.0	28	Pie（馅饼）	2018 年 8 月
10.0	29	Q	2019 年 9 月
11.0	30	R	2020 年 9 月
12.0	31	Snow Cone（刨冰）	2021 年 10 月

Android 13 开发者预览版计划（见图 1-1）从 2022 年 2 月开始启动。Android 13 也就是 Android T，内部代号“提拉米苏”（Tiramisu），是 Android 系统底层版本的新一轮重大升级，最终版本预计将在 2022 年年底发布。

图 1-1　Android 13 开发者预览版计划

1.1.3　Android 的体系结构

Android 系统分为四个层，从高层到低层分别是应用程序层（Applications）、应用程序框架层（Application Framework）、系统运行库层（ Libraries ）和 Linux 核心层（Linux Kernel），如图 1-2 所示。

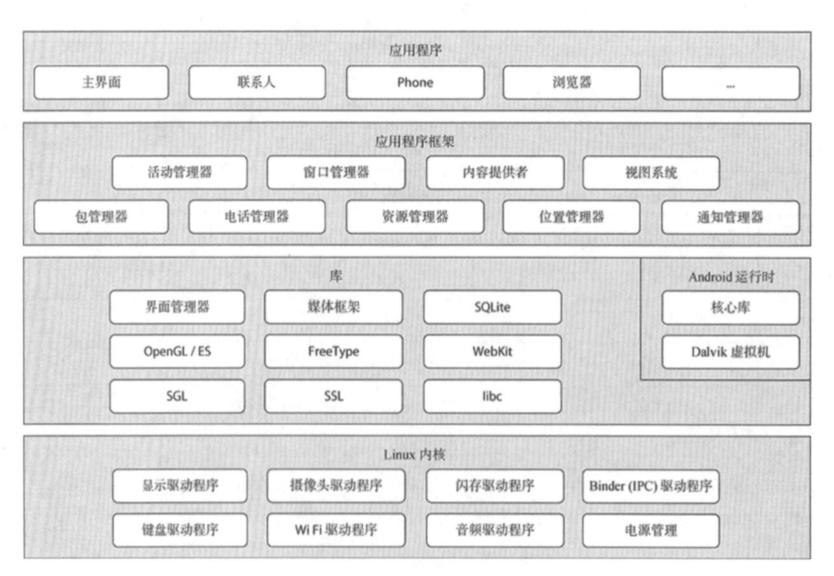

图 1-2　Android 体系结构

1. 应用程序层

应用程序层是核心应用程序的集合，所有安装在手机上的应用程序都是属于这一层的。例如，系统自带的电话拨号程序、短信程序、日历、音乐播放器、浏览器和联系人管理程序等，如图1-3所示。所有的应用程序都是用Java语言编写的，开发人员自己开发的应用程序也位于这一层。

2. 应用程序框架层

应用程序框架层主要提供构建应用程序时用到的各种API，Android自带的一些核心应用就是使用这些API完成的，例如视图（View）和活动管理器（Activity Manager）等，开发者也可以使用这些API来构建自己的应用程序。本书所讲的程序设计都是基于这个应用程序框架完成的。

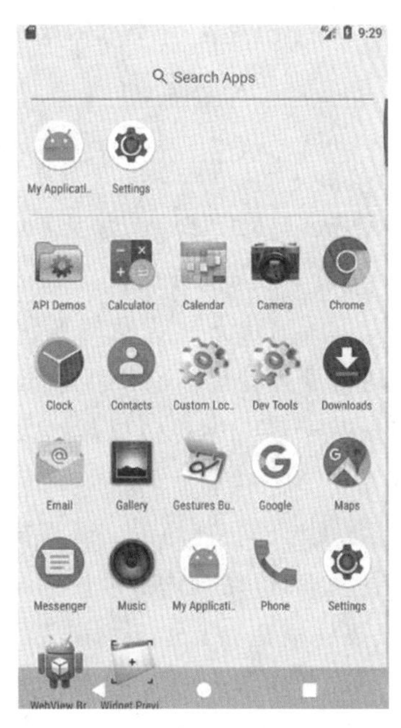

图1-3　Android系统自带的应用程序

3. 系统运行库层

1）程序库

系统运行库层通过一些C/C++库来为Android系统提供主要的特性支持。如SQLite库提供了数据库的支持，OpenGL|ES库提供了3D绘图的支持，WebKit库提供了浏览器内核的支持等。

2）运行时库

同样在这一层还有Android运行时库，它主要提供了一些核心库，能够允许开发者使用Java语言来编写Android应用。另外，Android运行时库还包含了Dalvik虚拟机，它使得每一个Android应用都能运行在独立的进程当中，并且拥有一个自己的Dalvik虚拟机实例。

Dalvik是Google公司自己设计用于Android平台的虚拟机，它可以简单地完成进程隔离和线程管理，并且可以提高内存的使用效率。虽然Android开发使用的编程语言为Java，但Dalvik虚拟机与Java虚拟机（JVM）主要存在以下区别：

● 架构方式不同。Java虚拟机是基于栈的架构，存取的速度较慢，而Dalvik是基于寄存器的架构，存取速度比从内存中存取数据的速度快得多，更适合移动端开发。

● 编译后的文件不同。Java虚拟机运行的是.class字节码文件，而Dalvik虚拟机运行的则是其专有的.dex文件，具体如图1-4所示。

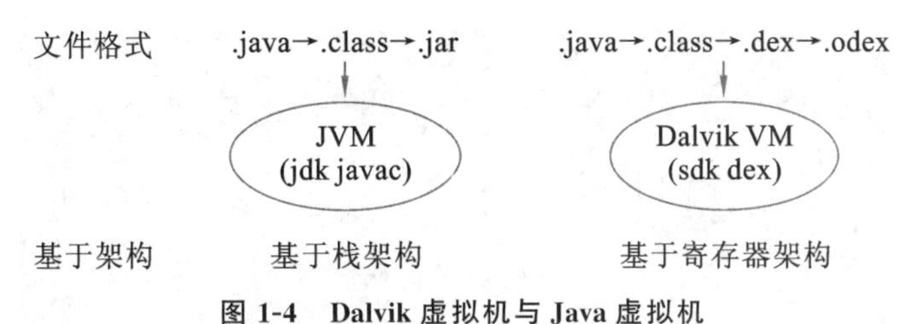

图1-4　Dalvik虚拟机与Java虚拟机

4. Linux核心层

Android系统的核心服务依赖于Linux内核，其安全性、内存管理、进程管理、网络协议栈和驱动模型等基本依赖于Linux。

这一层为Android设备的各种硬件提供了底层的驱动，如显示驱动、音频驱动、照相机驱动、蓝牙驱动、WiFi 驱动和电源管理等。

1.2 Android 开发环境

1.2.1 Android 应用开发

Android 使用 Java 作为程序开发语言，应用程序开发是使用 Android 系统提供的 Java 框架（API）进行开发设计工作。Android 开放了专属的应用程序开发工具 Android SDK，使所有程序开发人员都在统一、开放的平台上进行开发，从而保证了 Android 应用程序的可移植性。

这种开发处于 Android 系统的顶层，开发可以基于硬件设备，即用于测试的实体手机，也可以基于 Android 模拟器。大多数开发者所从事的都是这种开发，本书所介绍的也是这种开发。

除此以外，还有 Android 系统移植开发。移植开发是为了使 Android 系统能在手持移动设备上运行，在具体的硬件系统上构建 Android 软件系统。这种开发在 Android 底层进行，需要移植开发 Linux 中相关的设备驱动程序及 Android 本地框架中的硬件抽象层，也就是需要将设备驱动与 Android 系统联系起来。Android 系统对硬件抽象层都有标准的接口定义，移植时，只需实现这些接口即可。

1.2.2 Android 开发工具

配置IntelliJ IDEA安卓开发环境

早期 Android 应用的集成开发环境（IDE）有 Eclipse。Eclipse 是开源的 Java IDE，Google 专门为其开发了一个插件（Android Development Tools，ADT）来辅助开发。安装 ADT 插件后，系统不仅可以联机调试，而且还能够模拟各种手机事件和分析程序性能等。一般需要安装 Java SDK 1.5 以上和 Eclipse 3.3 以上版本的环境。

2013 年，Google 公司推出了一个全新的专用于 Android 应用开发的 IDE——Android Studio，如图 1-5 所示。Android Studio 提供了集成的开发工具用于应用程序的开发和调试，提供了功能强大的布局编辑器，可以实现拖拽 UI 组件并进行效果预览，整合了 Gradle 构建工具，支持 Google Cloud Platform，它的提示和补全功能更加智能和人性化。本书采用这种开发工具进行介绍。

图 1-5 Android Studio

此外，IntelliJ IDEA(见图 1-6)、Visual Studio 等 IDE 也支持 Android 开发。

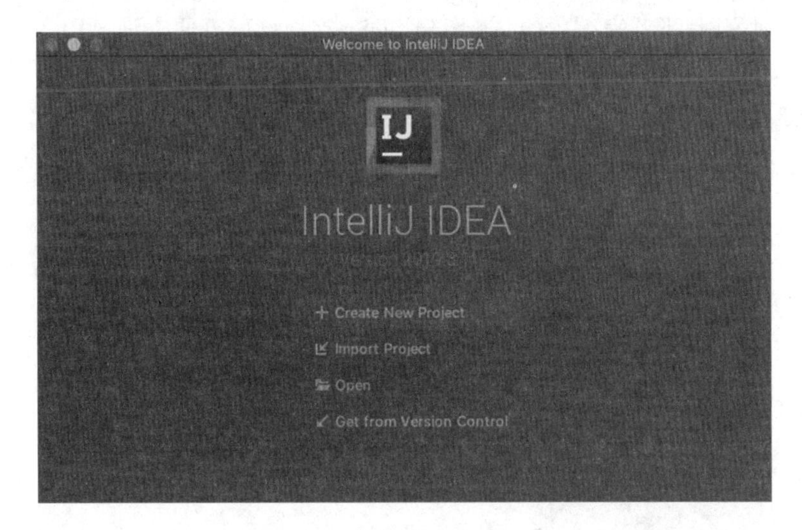

图 1-6　IntelliJ IDEA

1.2.3　Android Studio 的安装与配置

Android Studio
3.1.2安装

本小节介绍如何搭建 Android 开发环境，需要大家按照书中介绍的步骤仔细操作。若过程中出现问题，不要着急，仔细对照书中介绍的步骤重新配置，最终成功搭建一个好用的 Android 开发环境，为之后的开发打下坚实的基础。

1. 下载 Android SDK

Android SDK 是 Android 开发工具包，提供了 Android 相关的 API。在 Android 的官方网站 http://www.android.com/或国内镜像站点，可以下载到完整版的 Android SDK，也可以下载到包含开发工具 Android Studio 的最新版本的 Android SDK，如图 1-7 所示。

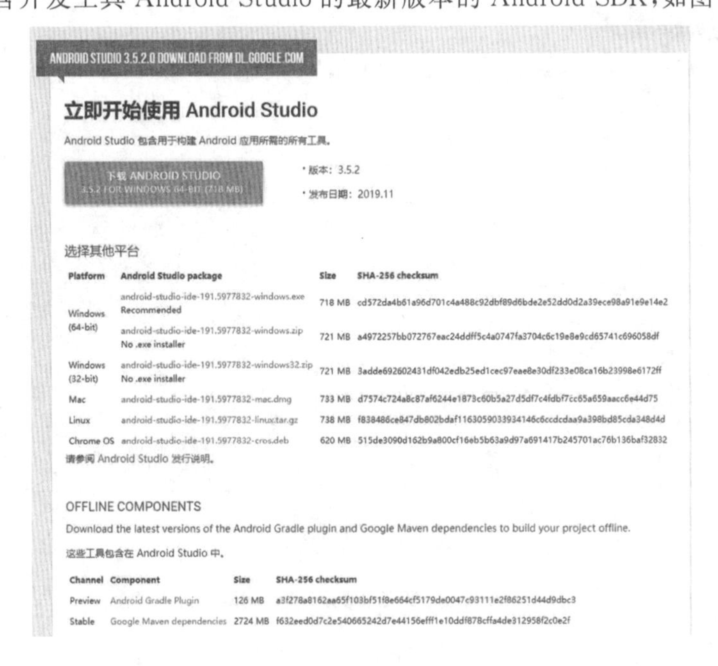

图 1-7　下载 Android Studio

在完整版的 Android SDK 中，包含了模拟器、教程、API 文档和示例代码等内容。进行实际项目开发时，建议下载完整版的 Android SDK，这样可以方便查询 API 文档，及时解决遇到的问题。

2. 安装与配置 Android Studio

以 Android Studio 3.1.2 为例，运行安装文件，根据安装向导完成安装，如图 1-8 所示。

(a)

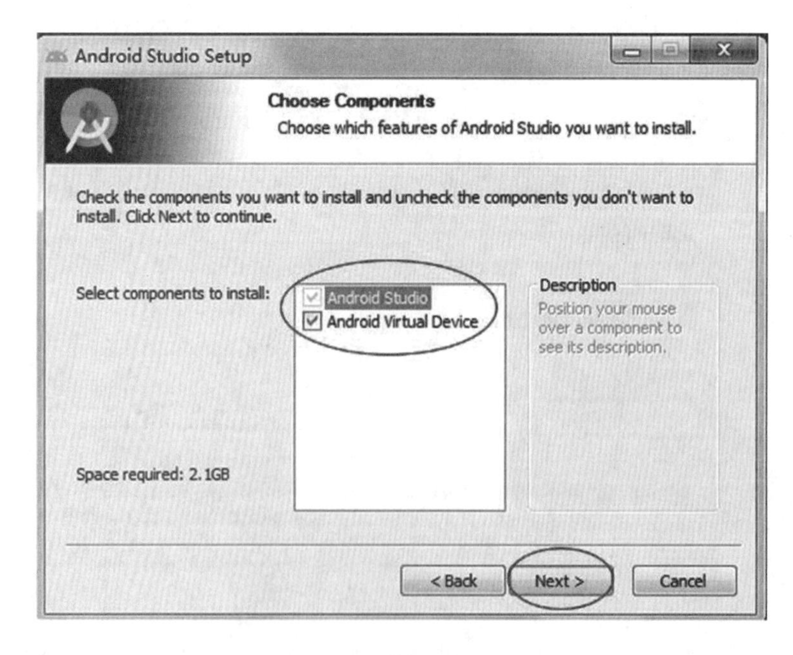

(b)

图 1-8　安装 Android Studio

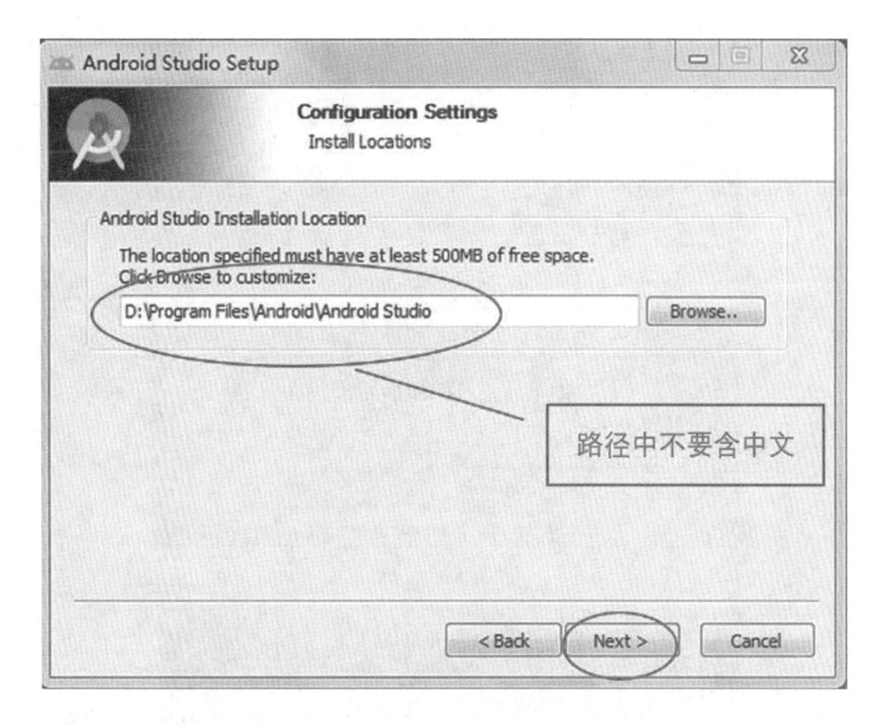

(c)

(d)

续图 1-8

安装完成后，第一次运行 Android Studio 系统，需要配置 Android SDK，设置 SDK 的存放位置，如图 1-9 所示。

(a)

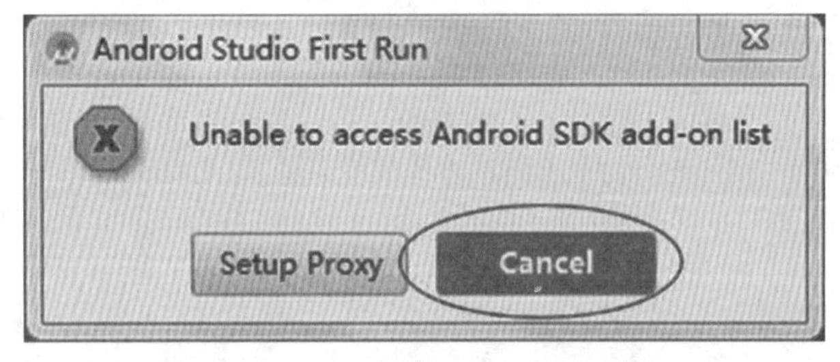

(b)

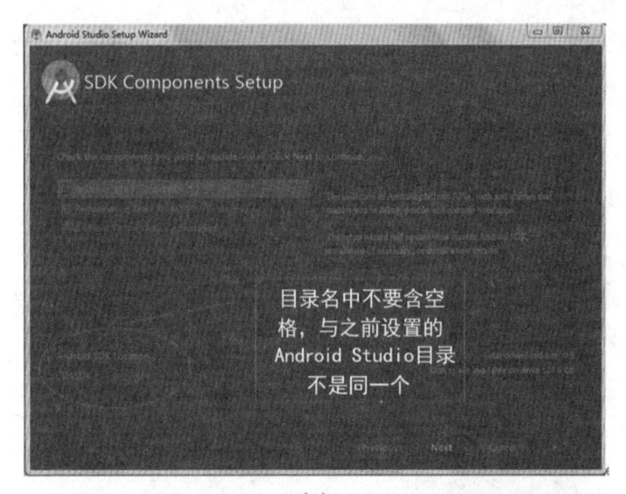

(c)

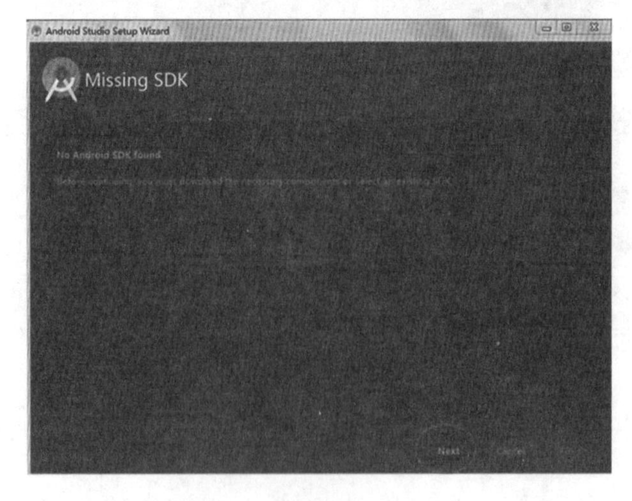

(d)

图 1-9　配置 Android SDK

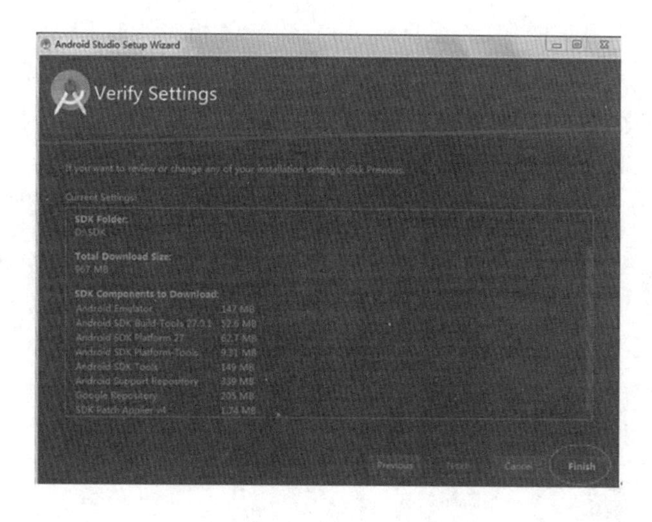

(e)

续图 1-9

单击“Finish”按钮后，开始自动下载 SDK，此时需要保证计算机联网，下载需要一定时间。

1.2.4 Android Studio 开发环境

1. 开发环境界面

Android Studio 开发环境界面如图 1-10 所示。

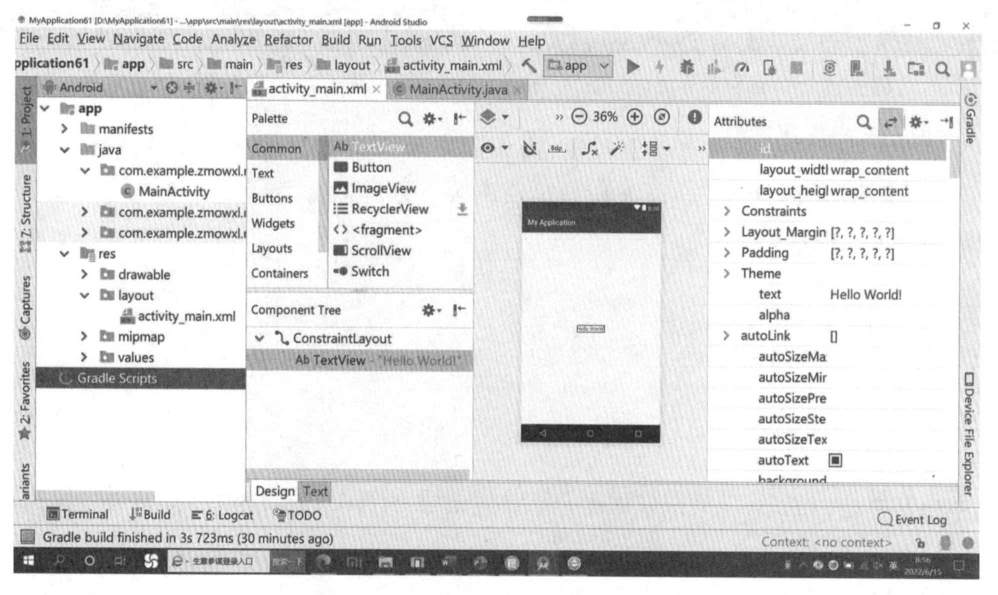

图 1-10　Android Studio 开发环境界面

2. Android 虚拟设备 AVD

Android 应用程序可以在实体手机上运行，也可以在 Android 虚拟设备 AVD(Android Virtual Divice)上运行。每一个 AVD 模拟一套虚拟环境来运行 Android 操作系统平台，这个平台有自己的内核、系统图像、外观显示、用户数据区和仿真的 SD 卡，因此 AVD 也称为模拟器。

AVD 启动界面如图 1-11 所示，项目运行效果如图 1-12 所示。

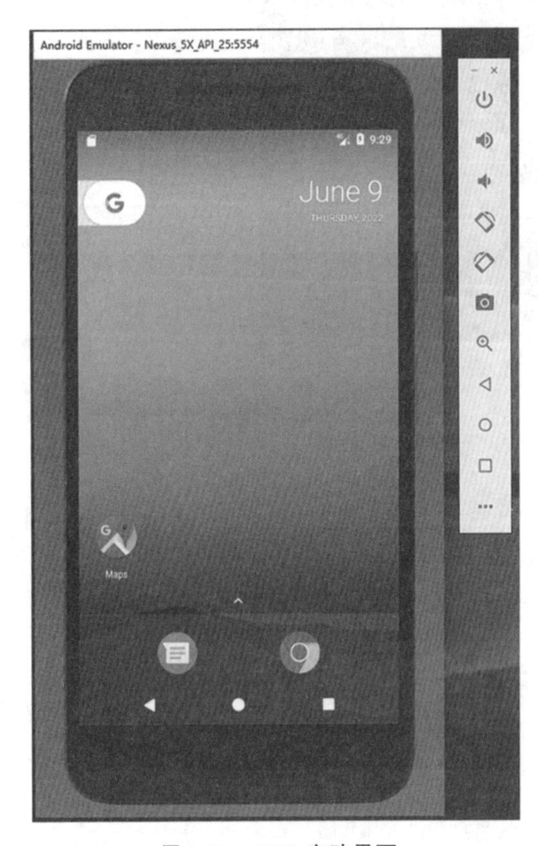

图 1-11　AVD 启动界面

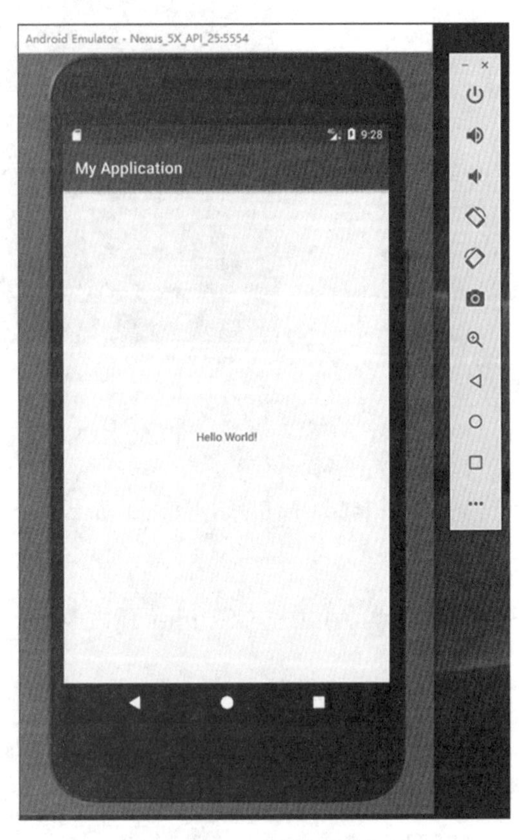

图 1-12　AVD 项目运行效果

Android 原生的模拟器启动比较慢，操作起来也不流畅。很多开发者选择直接使用 Android 手机来开发，也有许多开发者选择使用第三方模拟器，如海马玩模拟器、逍遥安卓模拟器和夜神模拟器等。

1.3 Android 开发过程

1.3.1 第一个 Android 应用程序

本小节通过一个 HelloWorld 程序介绍如何创建一个 Android 程序，如何通过模拟器运行项目。

1. 创建一个新的 Android 项目

选择“Start a new Android Studio project”，打开创建项目向导。在弹出的窗口中选择项目路径，输入项目名称，如图 1-13 所示。

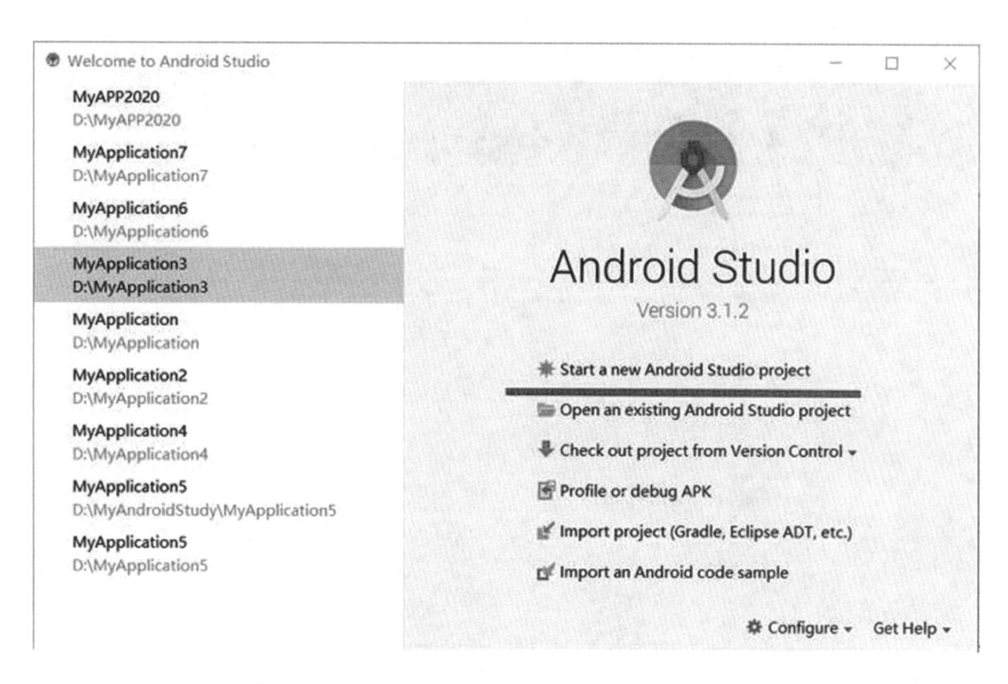

(a)

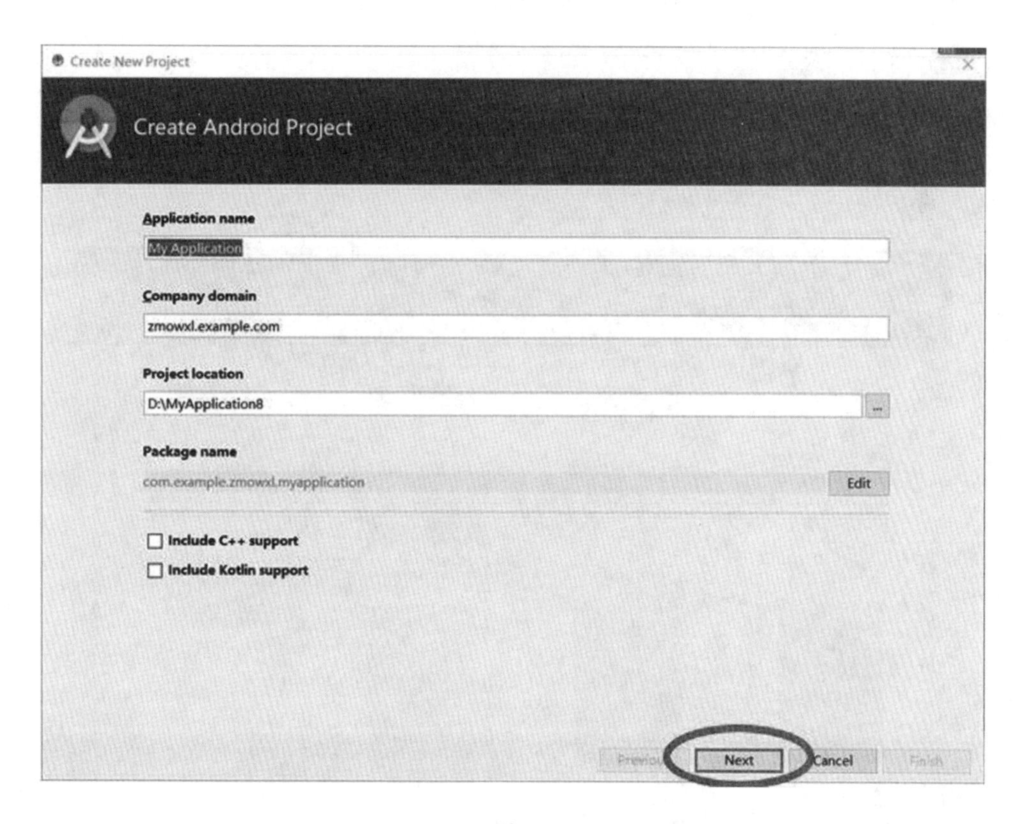

(b)

图 1-13　输入 Android 项目名称

选择 Android SDK 的版本，如图 1-14 所示。

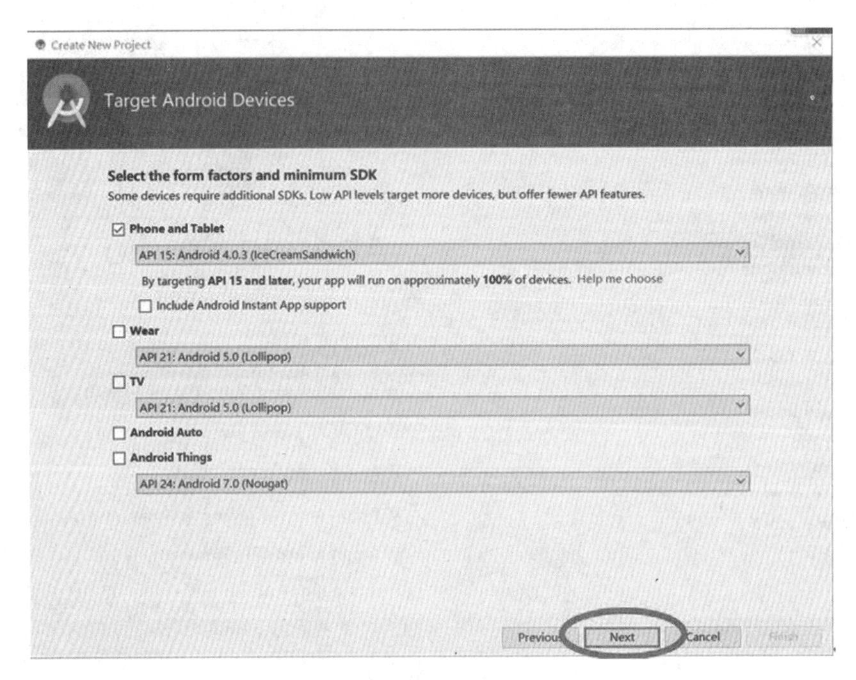

图 1-14　选择 Android SDK 版本

2. 向 Android 项目添加 Activity

在添加 Activity 窗口时，选择 Empty Activity，然后在 Activity 设置窗口中设置 Activity 名称、布局名称和标题等，如图 1-15 所示。

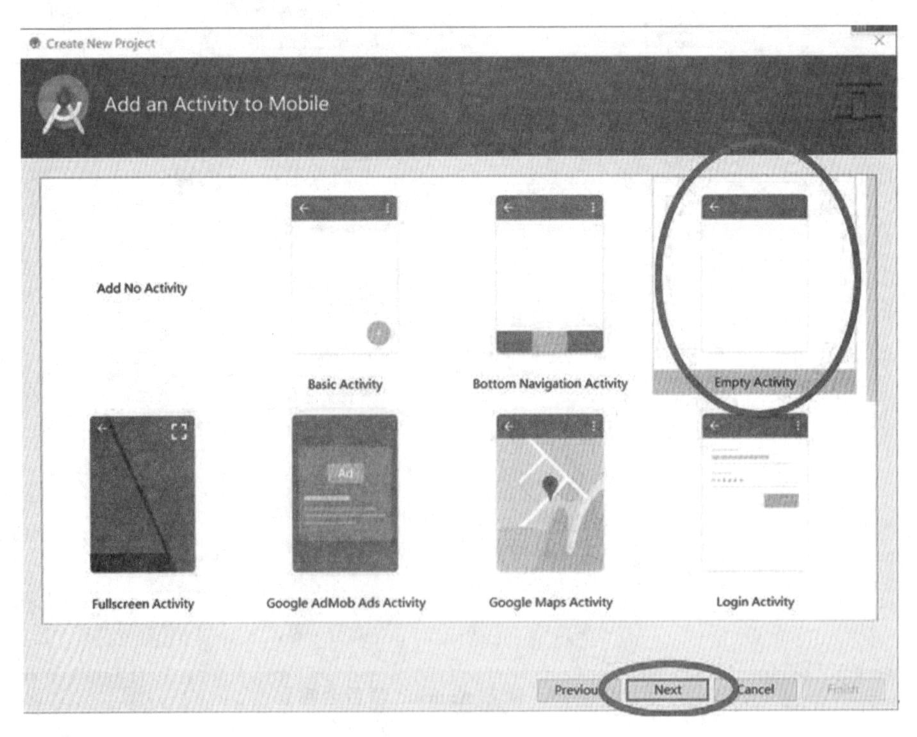

(a)

图 1-15　添加 Activity

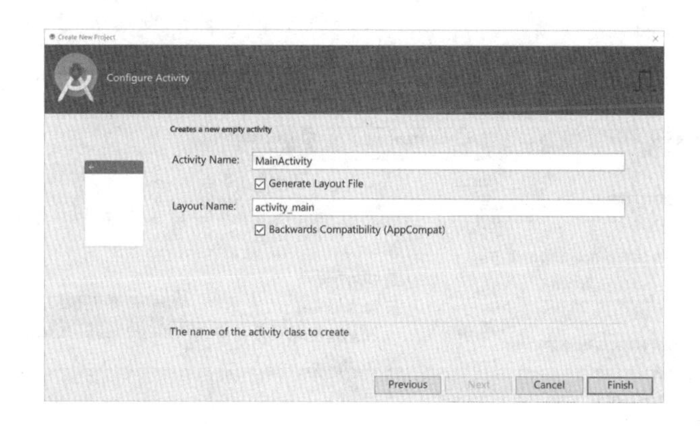

(b)

续图 1-15

3. 系统自动生成应用项目框架

最后,系统自动生成一个 Android 应用项目框架,如图 1-16 所示。

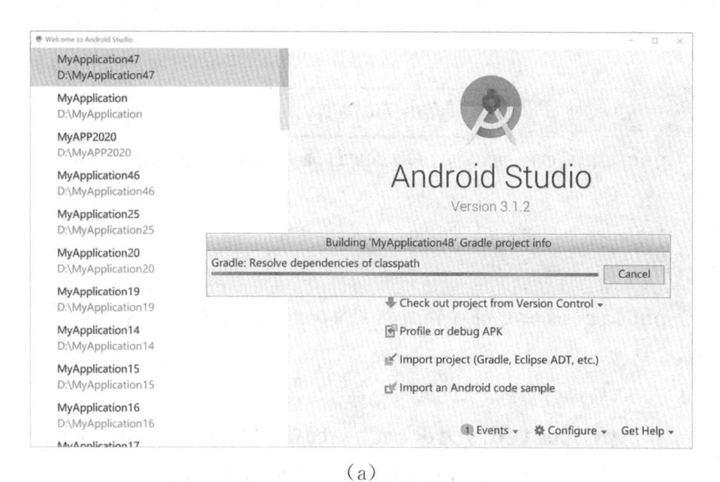

(a)

(b)

图 1-16 系统自动生成一个 Android 应用项目框架

新创建应用程序时，默认在/res/layout 目录下创建了布局文件 activity_main. xml，同时在 java 源代码目录下创建了 MainActivity 类，项目结构如图 1-17 所示。

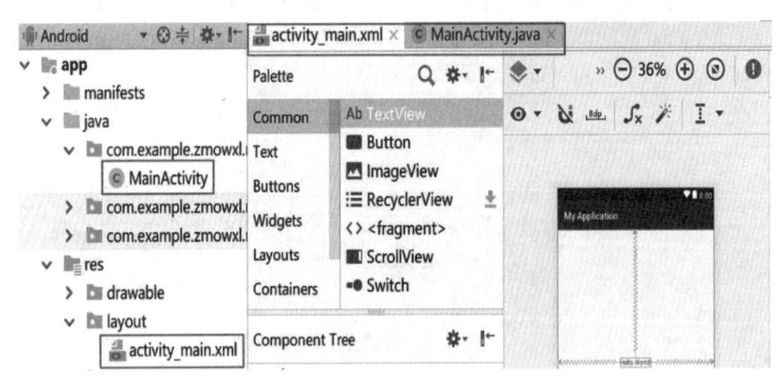

图 1-17 项目结构

4. 查看 Java 代码

打开项目的主程序文件 MainActivity. java，可以看到系统自动生成图 1-18 所示的代码。

```
activity_main.xml × | MainActivity.java ×
1   package com.example.zmowxl.myapplication;
2
3   import ...
5
6   public class MainActivity extends AppCompatActivity {
7
8       @Override
9       protected void onCreate(Bundle savedInstanceState) {
10          super.onCreate(savedInstanceState);
11          setContentView(R.layout.activity_main);
12      }
13  }
```

图 1-18 系统自动生成的 Java 代码

MainActivity 类继承于 Activity 类，在 Activity 的方法中调用了 setContentView (View)方法，将可视界面信息放到该窗口上呈现出来。(AppCompatActivity 本质上继承于 Activity。AppCompatActivity 有标题栏，Activity 没有标题栏。)

5. 在模拟器中运行应用程序

在运行 Android 程序之前，首先需要创建 AVD。选择 Android Studio 菜单“Tools”→“AVD Manager”，在弹出的“Android Virtual Device Manager”对话框中单击“Create Virtual Device”按钮，可以创建一个新的 AVD，如图 1-19 所示。

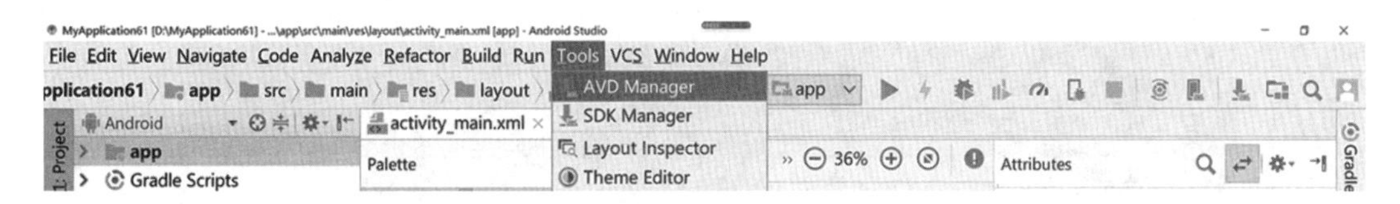

(a)

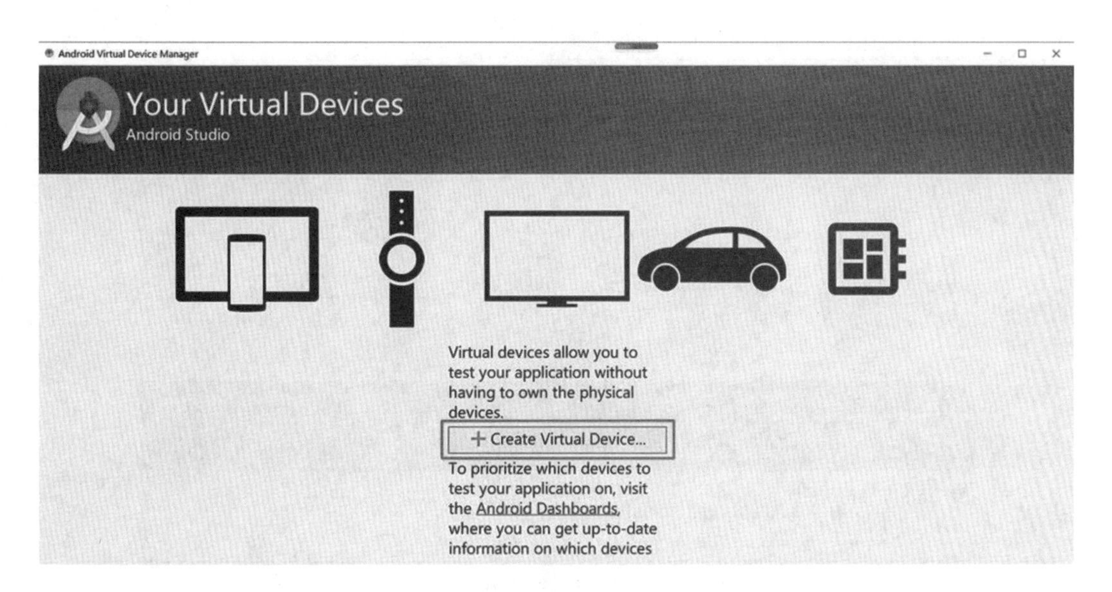

(b)

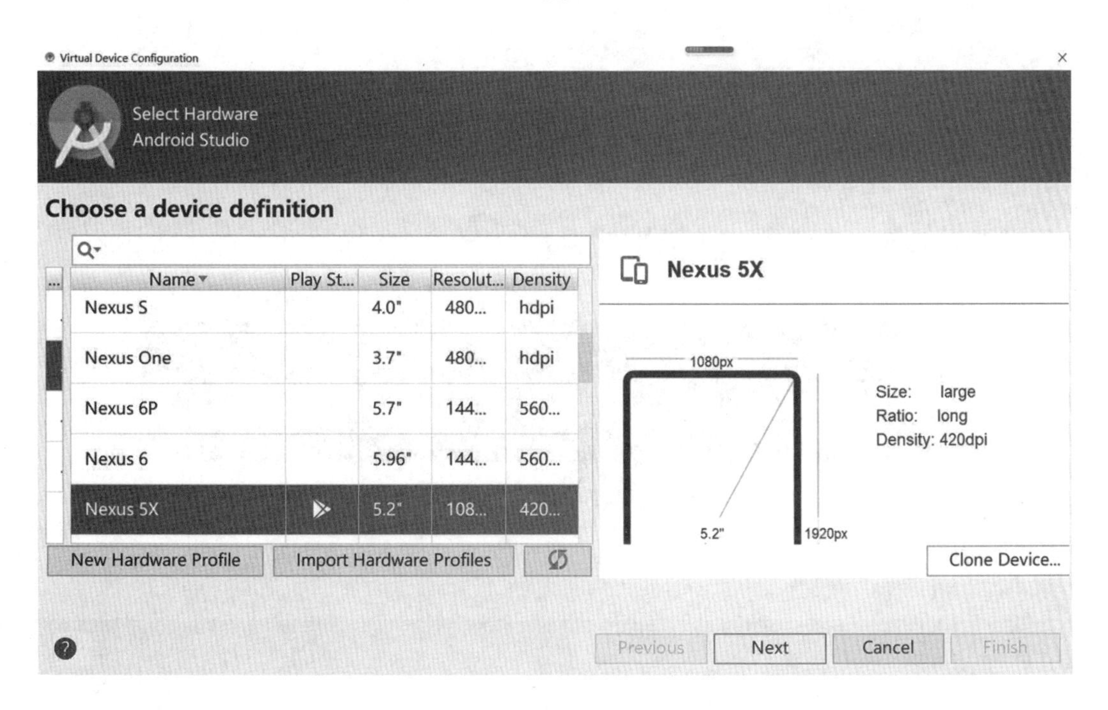

(c)

图 1-19 AVD 管理器

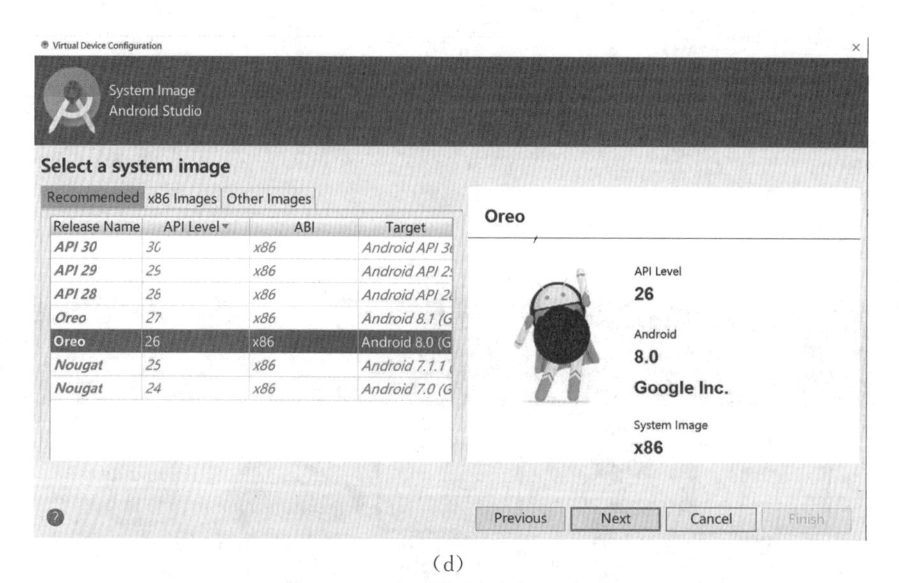
Virtual Device Configuration
System Image
Android Studio
Select a system image
Recommended
x86 Images
Other Images
Release Name
API Level
ABI
Target
API 30
API 29
API 28
Oreo
Oreo
Nougat
Nougat
Oreo
API Level
26
Android
8.0
Google Inc.
System Image
x86
Previous
Next
Cancel
Finish

(d)

Virtual Device Configuration
Android Virtual Device (AVD)
Android Studio
Verify Configuration
AVD Name
Nexus 5X API 26
Nexus 5X
5.2 1080x1920 xxhdpi
Change...
Oreo
Android 8.0 x86
Change...
Startup orientation
Portrait
Landscape
Emulated
Graphics:
Automatic
Show Advanced Settings
AVD Name
The name of this AVD.
Previous
Next
Cancel
Finish

(e)

Android Virtual Device Manager
Your Virtual Devices
Android Studio
Type
Name
Play Store
Resolution
API
Target
CPU/ABI
Size on Disk
Actions
Nexus 5X API ...
1080 × 1920: ...
26
Android 8.0 (...
x86
650 MB
+ Create Virtual Device...
?

(f)

续图 1-19

单击 Android Studio 的“运行 Android Application”按钮，在弹出的设备选择器中选择已创建的 AVD，如希望每次都使用相同设备运行该项目，则勾选“Use same device for future launches”。AVD 模拟器启动后，可以看到应用程序的运行结果，如图 1-20 所示。

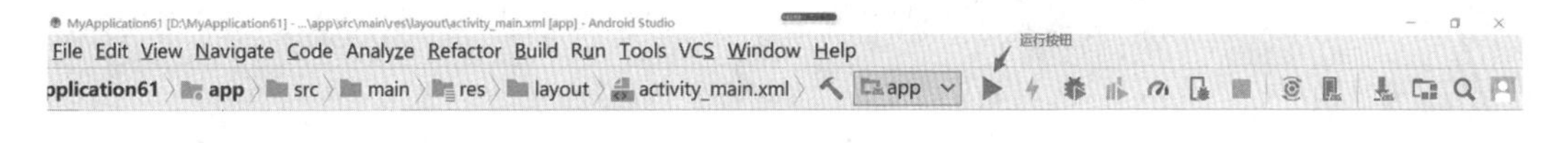

(a)

Select Deployment Target

No USB devices or running emulators detected   Troubleshoot

Connected Devices

<none>

Available Virtual Devices

Nexus 5X API 26

Create New Virtual Device   Don't see your device?

Use same selection for future launches   OK   Cancel

(b)

(c)

图 1-20　在 AVD 上显示程序运行结果

在“Android Virtual Device Manager”对话框中可以看见已创建的 AVD，如图 1-19(f) 所示。如果需要删除 AVD，可以选中要删除的 AVD，然后单击“Delete”按钮即可。

1.3.2 Android 应用开发的一般过程

从第一个 HelloWorld 程序可以看出，一个 Android 应用程序通常由 Activity 类程序(Java 程序)和用户界面布局 XML 文档组成。Java 程序实现逻辑控制，XML 文档描述表现层，如图 1-21 所示。

在 Android 应用开发中，逻辑控制层与表现层分开进行设计，项目的一般开发过程如图 1-22 所示。

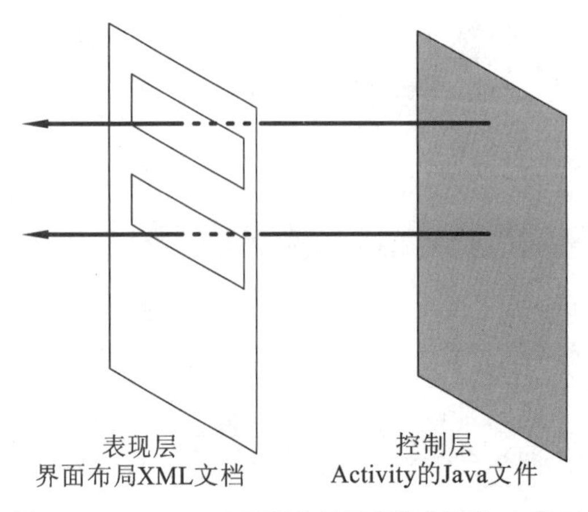

图 1-21 Android 应用程序的逻辑控制层和表现层

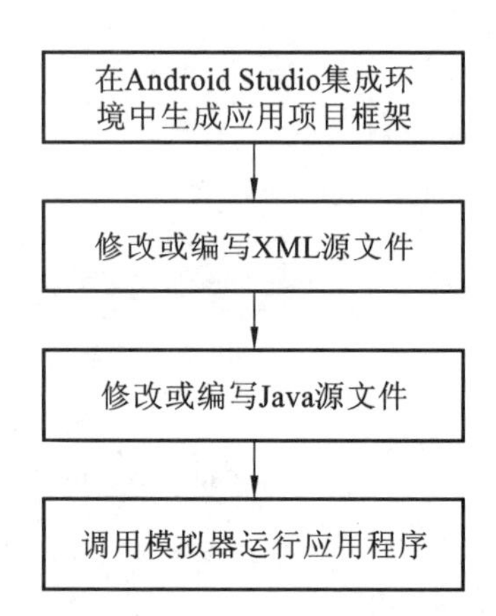

图 1-22 Android 应用开发的一般过程

1.3.3 Android 项目的发布

Android 程序开发完成后，如果开发人员需要将自己开发的 Android 项目进行发布，就必须将应用程序进行打包和签名，生成正式的 Android 安装包文件(Android Package，简称 APK)，再传入模拟器或手机中安装运行。

Android 系统要求每一个 Android 应用程序必须经过数字签名才能够安装到系统中。Android 通过数字签名来标识应用程序的作者和应用程序之间的关系，不是用来决定最终用户可以安装哪些应用程序。这个数字签名由应用程序的作者完成，并不需要权威的数字证书签名机构认证，它只是用来让应用程序包自我认证的。

Android 的开发工具都可以协助开发者给 APK 程序签名，它们都有两种工作模式：调试模式(debug mode)和发布模式(release mode)。

在调试模式下，Android 的开发工具会在每次编译时使用调试的数字证书给程序签名，开发者无须关心。但是开发者要发布应用程序时，就需要使用自己的数字签名证书给 APK 包签名。下面介绍 Android Studio 生成签名 APK 的过程。

(1) 打开项目以后，选择 Build →Generate Signed APK，打开“Generate Signed APK”对话框，如图 1-23 所示。

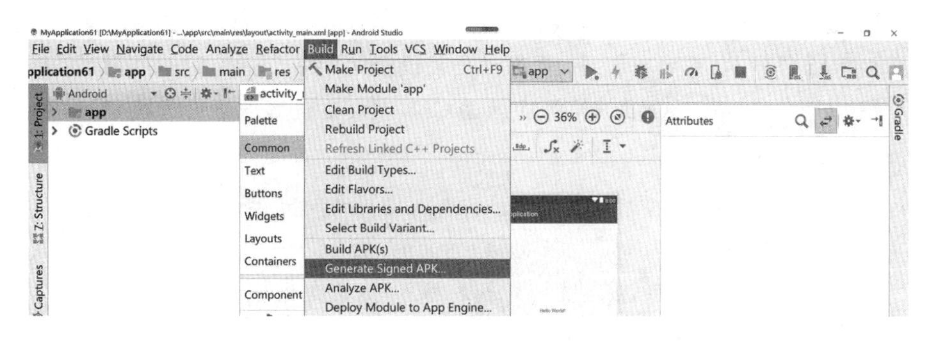

(a)

Generate Signed APK
Key store path:
Create new...
Choose existing...
Key store password:
Key alias:
Key password:
Remember passwords
Previous
Next
Cancel
Help

(b)

图 1-23　打开“Generate Signed APK”对话框

（2）单击“Create new”按钮，弹出“New Key Store”对话框，生成新的 Key，如图 1-24 所示。

New Key Store
Key store path: C:\Users\liningning\food.jks
Password: ······ Confirm: ······
Key
Alias: food
Password: ······ Confirm: ······
Validity (years): 25
Certificate
First and Last Name: lnn
Organizational Unit: dev
Organization: neusoft
City or Locality: dalian
State or Province: liaoning
Country Code (XX): CN
OK
Cancel

图 1-24　“New Key Store”对话框

(3) 首先选择Key存储的路径，接着输入密码，建议不要太简单，也不要太复杂。此处示例的密码为123456，为了简单起见，所有密码都设置为同一个。有效时间默认25年，以支撑整个APP周期。Country Code (XX)应该是CN，省市单位等信息可省略，然后单击“OK”按钮，回到上一对话框，如图1-25所示。

Generate Signed APK
Key store path: C:\Users\liningning\food.jks
Create new... Choose existing...
Key store password: ••••••
Key alias: food
Key password: ••••••
Remember passwords
Previous Next Cancel Help

图1-25　配置后的“Generate Signed APK”对话框

(4) 勾选“Remember passwords”(即记住密码)，然后单击“Next”按钮，如果弹出输入密码保护对话框，如图1-26所示，可以不使用这种保护。

图1-26　输入密码保护对话框

(5) 在输入密码保护对话框中单击“OK”按钮，弹出发布窗口，如图1-27所示。

Generate Signed APK
Note: Proguard settings are specified using the Project Structure Dialog
APK Destination Folder: \android-studio\PhoneBook\app
Build Type: release
Flavors: No product flavors defined
Previous Finish Cancel Help

图1-27　APK发布模式

(6) 选择 release 是发布版本，选择 debug 是调试版本。此处，选择“release”，然后单击“Finish”按钮，工具自动进行应用程序发布。如果发布成功，弹出成功提示框，如图 1-28 所示。

APK 文件发布完成，如图 1-29 所示。

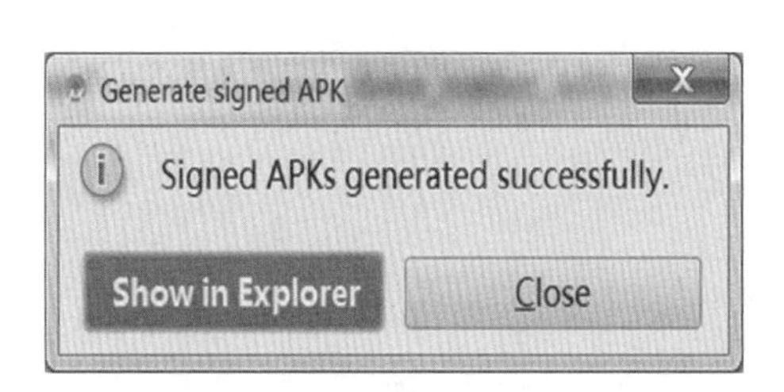

图 1-28 发布成功提示框

build	2016/5/15 15:47	文件夹	
libs	2016/5/15 15:47	文件夹	
src	2016/5/15 15:47	文件夹	
.gitignore	2016/5/15 15:47	GITIGNORE 文件	1 KB
app.iml	2016/5/15 15:47	IML 文件	8 KB
build.gradle	2016/5/15 15:47	GRADLE 文件	1 KB
proguard-rules.pro	2016/5/15 15:47	PRO 文件	1 KB
app-release.apk	2016/5/20 20:31	APK 文件	1,083 KB

图 1-29 APK 文件发布完成

在 2018 年 5 月的 Google I/O 大会上，Google 介绍了 Android App Bundle(AAB)格式，作为其现代化开发的一部分，如图 1-30 所示。Google 在公告中表示，从 2021 年 8 月开始要求新发布的应用程序以 Android App Bundle 的形式进行分发，它将取代 APK 作为标准发布格式。已经上架的应用程序暂时不会受到影响。

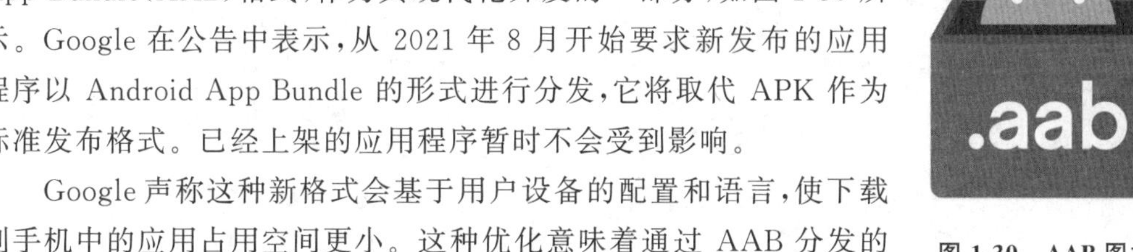

图 1-30 AAB 图标

Google 声称这种新格式会基于用户设备的配置和语言，使下载到手机中的应用占用空间更小。这种优化意味着通过 AAB 分发的应用比传统 APK 格式平均占用空间少 15%。终端用户也能获得更快的安装速度和更多的可支配存储空间。

新版的 Android Studio 支持发布 AAB 文件，如图 1-31 所示。

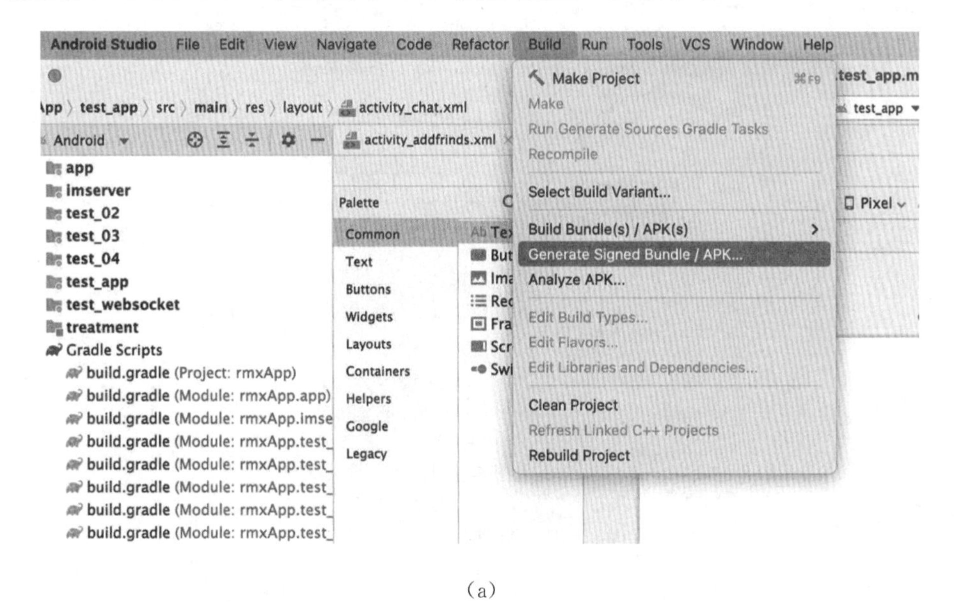

(a)

图 1-31 发布 AAB 文件

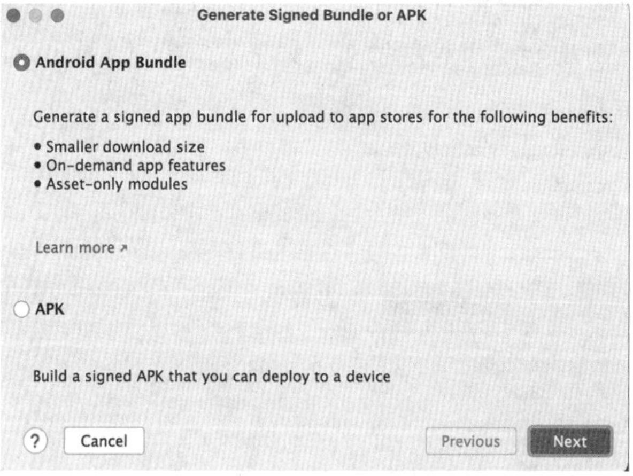

Generate Signed Bundle or APK

Android App Bundle

Generate a signed app bundle for upload to app stores for the following benefits:

- Smaller download size
- On-demand app features
- Asset-only modules

Learn more ↗

APK

Build a signed APK that you can deploy to a device

? Cancel Previous Next

（b）

Generate Signed Bundle or APK

Module rmxApp.app

Key store path 证书地址 没有证书需要先创建证书

Create new... Choose existing...

Key store password

Key alias

Key password

Remember passwords

一定要勾此选项 Export encrypted key for enrolling published apps in Google Play App Signing

Encrypted key export path /Users/apple/Desktop

? Cancel Previous Next

（c）

New Key Store

Key store path: /Users/apple/Desktop/zs 证书存放地址

Password: ••••••••• Confirm: •••••••••

证书密码和确认密码

Key

Alias: 别名

Password: ••••••••• 私钥密码 Confirm: •••••••••

Validity (years): 25

Certificate

First and Last Name: 姓名

Organizational Unit: 组织单位

Organization: 组织名称

City or Locality: 城市

State or Province: 省份

Country Code (XX): 国编，CN就可以

Cancel OK

（d）

续图 1-31

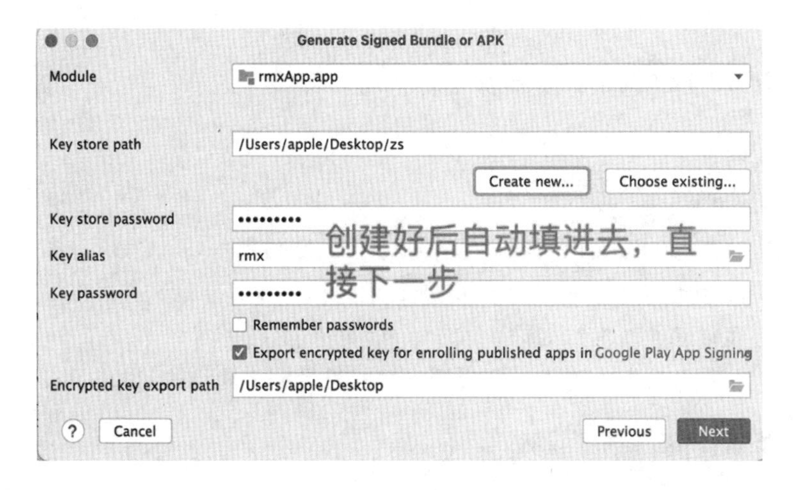
Generate Signed Bundle or APK
Module
rmxApp.app
Key store path
/Users/apple/Desktop/zs
Create new...
Choose existing...
Key store password
Key alias
rmx
Key password
创建好后自动填进去，直接下一步
Remember passwords
Export encrypted key for enrolling published apps in Google Play App Signing
Encrypted key export path
/Users/apple/Desktop
Cancel
Previous
Next

(e)

Generate Signed Bundle or APK
Destination Folder:
/Users/apple/AndroidStudioProjects/rmxApp/app
debug
release
选择release
Build Variants:
Cancel
Previous
Finish

(f)

release
app-release.aab
打包好后，在项目名/app/release下找到

(g)

续图 1-31

1.4 Android 应用程序分析

1.4.1 Android 项目结构

如前所述，一个 Android 应用程序通常由 Activity 类程序（Java 程序）和用户界面布局 XML 文档组成。除此以外，一个 Android 项目还包括许多其他的文件。在 Android 程序创建时，系统就为其构建了基本的结构。

打开项目，在项目面板中可以看到应用项目的目录和文件结构，如图 1-32 所示。

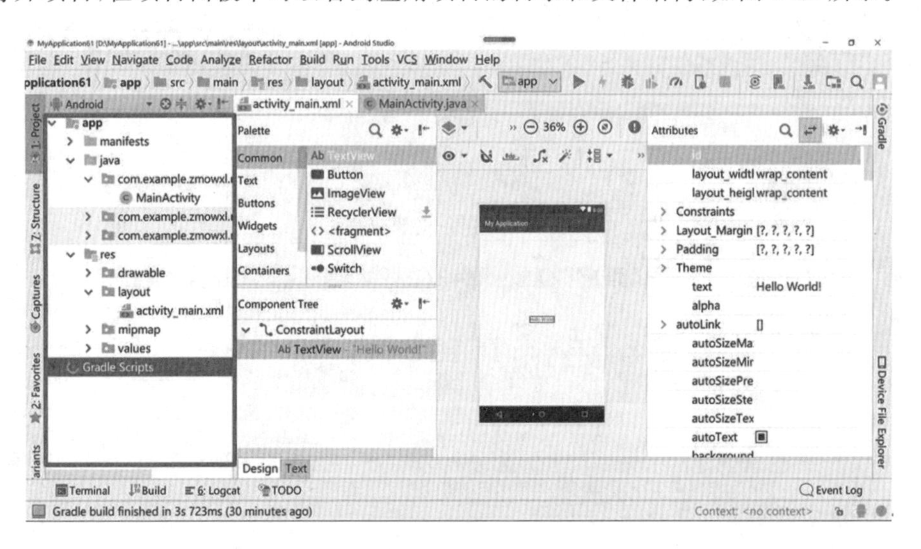

图 1-32 Android 项目目录和文件结构

下面对 app 模块下的文件目录结构的基本内容进行介绍。

1. manifests 目录

该目录中的 Android Manifest. xml 文件是项目的系统配置文件，或称为清单文件。每个 Android 程序都必须拥有系统配置文件，它为 Android 系统提供了启动和运行该项目时必须要了解的基本信息。

Android Manifest. xml 文件的代码元素说明如表 1-2 所示。

表 1-2 Android Manifest. xml 文件代码元素说明

代码元素	说明
manifest	XML 文件的根结点，包含了 package 中所有的内容
xmlns:android	命名空间的声明。使得 Android 中各种标准属性能在文件中使用
package	声明应用程序包
uses-sdk	声明应用程序所使用的 Android SDK 版本
application	application 级别组件的根结点。声明一些全局或默认的属性，如标签、图标、必要的权限等
android:icon	应用程序图标

续表

代码元素	说　明
android:label	应用程序名称
activity	Activity 是一个应用程序与用户交互的图形界面。每一个 Activity 必须有一个< activity >标记对应
android:name	应用程序默认启动的活动程序 Activity 界面
intent-filter	声明一组组件支持的 Intent 值。在 Android 中,组件之间可以相互调用,协调工作,Intent 提供组件之间通信所需要的相关信息
action	声明目标组件执行的 Intent 动作
category	指定目标组件支持的 Intent 类别

2. java 目录

该目录是源代码目录,所有用户自己添加的或者允许用户修改的 Java 文件全部存放于该目录下。该目录下的 Java 文件以用户所声明的包自动组织。程序开发人员可以根据需要,在 java 目录下添加包或者添加 Java 文件。

在系统自动生成的项目结构中有一个 Java 源代码文件 MainActivity. java,它是项目的主控程序。

3. 资源目录 res

res 目录是资源目录,包含本项目中所使用的全部资源文件,包括图片、音频、视频和用户界面等。新建一个项目,res 目录下会有四类子目录:drawable、layout、mipmap 和 values。

(1) drawable:主要存放一些用户自定义形状和背景选择器(Android Selector),这些资源文件都是. xml 类型的;也可以存放图片(* . bmp、* . png、* . gif、* . jpg 等)。

(2) layout:存放界面布局文件,文件类型为 XML。目录中有一个系统自动生成的 activity_main. xml 文件,它是程序的主界面。

(3) mipmap:包含一些应用程序可以用的原生图标文件(* . png、* . gif、* . jpg)。Google 公司强烈建议使用 mipmap 存放图片文件,因为把图片放到 mipmap 中可以提高系统渲染图片的速度,提高图片质量,减少 GPU 压力。

(4) values:存放 XML 格式的资源描述文件,默认包含颜色(colors. xml)、尺寸(dimens. xml)、字符串(strings. xml)和样式(styles. xml)。

在程序中引用资源时需要使用 R 类,其引用形式为 R. 资源文件类型. 资源名称。例如:

① 在 Activity 中显示布局视图:

```
setContentView(R.layout.activity_main);
```

② 程序要获得用户界面布局文件中的按钮实例 Button1:

```
mButtn=(Button)finadViewById(R.id.Button1);
```

③ 程序要获得用户界面布局文件中的文本组件实例 TextView1:

```
mTextView=(TextView)findViewById(R.id.TextView1);
```

4. Gradle Scripts 目录

使用 Android Studio 开发环境创建项目工程时,会在 Gradle Scripts 目录下面自动创建几个. gradle 文件,如图 1-33 所示。项目工程需要使用. gradle 文件来配置,这是一种脚本化的工程构建，而非原先 ADT 中那种 Eclipse 的可视化构建。gradle 的依赖管理能力极其强大，几乎所有的开源项目都可以通过一条 compile 指令来完成依赖的配置。

图 1-33　Gradle Scripts 目录结构

1.4.2　Android 应用程序结构

Android 应用程序主要由 Activity 类程序(Java 程序)和用户界面布局 XML 文档组成。与 Web 应用中所使用的 HTML 文件一样，Android 使用 XML 元素设定屏幕的布局。每个布局文件包含整个屏幕或部分屏幕的视图资源。

Activity 类程序与 Java 程序结构相同，一个系统自动生成的 MainAndroid .java 源代码如图 1-34 所示。

```
1  package com. example. HelloAndroid;   ← 包声明语句

2  import android. app. Activity;        ┐
3  import android. os. Bundle;           ┘← 导入包
                                          类标志
4  public class MainAndroid extends Activity   ← 类声明语句
                                          类名
5  {
6      public void onCreate (Bundle savedInstanceState)   ← 重写 onCreate ()方法
7      {
8          super. onCreate (savedInstanceState);   ← 调用父类 Activity 的 onCreate ()方法
9          setContentView (R. layout. activity_main);
                                          在屏幕上显示内容的方法
10     }
11  }
```

图 1-34　系统自动生成的 MainAndroid .java 源代码结构

(1) 第 1 行是包声明语句，这个名字是在建立应用程序的时候指定的。在这里设定为：package com. example. HelloAndroid。

这一行的作用是指出这个文档所在的名称空间。“package”(包)是其关键字。使用名称空间的原因是程序一旦扩展到某个大小，程序中的变量名称、方法名称、类名等难免重复，这时就可以通过定义名称空间将定义的名称区隔开，以避免相互冲突的情形发生。

(2) 第 2、3 行是导入包的声明语句。这两条语句的作用是告诉系统编译器，编译程序时要导入“android. app. Activity”和“android. os. Bundle”两个包。“import”(导入)是其关键字。在 Java 语言中，使用任何 API 都要事先导入相对应的包。

Android Studio 提供了自动导入包的功能，打开“File”菜单下的“Settings”选项，在“Settings”对话框中依次单击“Editor”→“General”→“Auto Import”，勾选“Add unambiguous imports on the fly”，如图 1-35 所示。

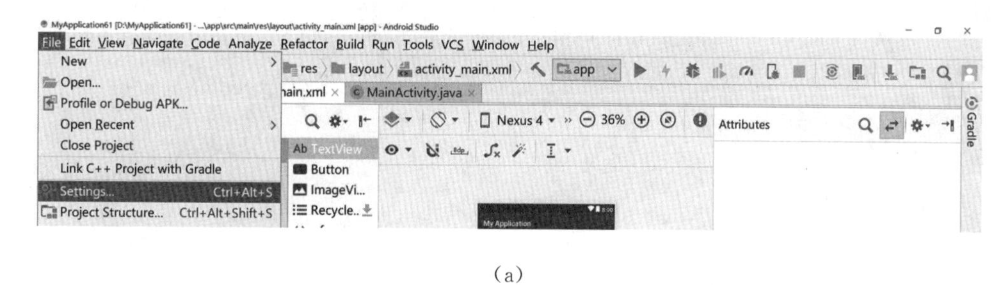

(a)

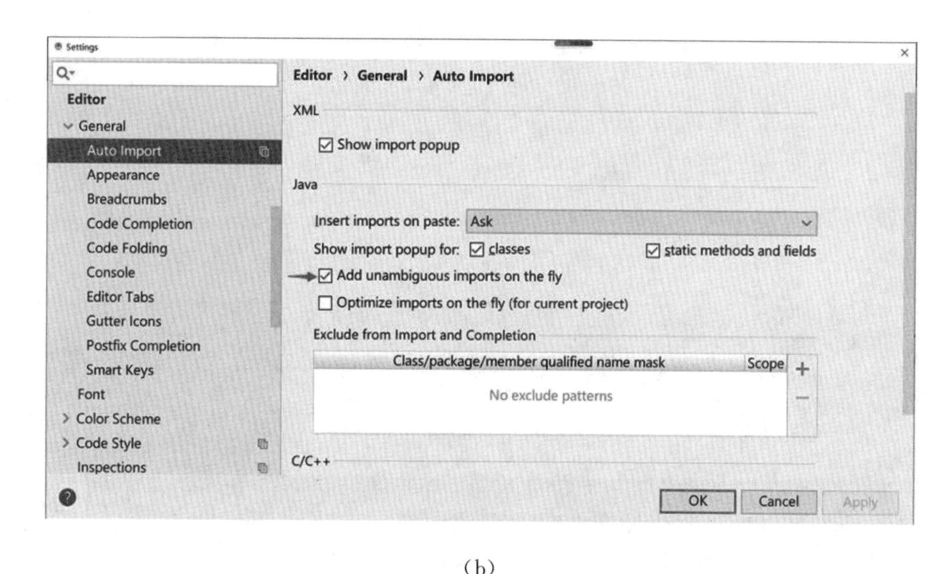

(b)

图 1-35 设置自动导包功能

出现同名的类时无法自动导入，需要使用快捷键 Alt+Enter 手动导入。

(3) 第 4～11 行是类的定义，这是应用程序的主体部分。Android 应用程序是由类组成的，类的一般结构为：

```
public class MainAndroid extends Activity   //类声明
{
        …;   //类体
}
```

(4) 第 6～10 行是在 MainAndroid 类的类体中定义一个方法 onCreate()。

在 Android 系统中，应用程序的入口(即主控程序)都是 Activity 类的子类，onCreate() 方法会在 Activity 初始化时调用。

第2章

UI基础

在Android应用中,用户界面(user interface,简称UI)是人与手机之间传递数据、交互信息的重要媒介和对话接口。一个好的界面设计需要考虑到用户使用体验和是否美观方便等。

界面包括布局和UI组件,在设计过程中需要考虑如何制作界面和如何控制界面,可以使用可视化的方式编写界面,也可以通过代码控制进行界面设计。

2.1 UI概述

2.1.1 View类

Android应用的界面由View和ViewGroup对象构建而成。

View是视图类,它占据屏幕上的一块矩形区域,负责提供UI组件绘制和事件处理的方法。View类是Android系统平台上用户界面表示的基本单元,View的一些子类被统称为Widgets(控件),它们提供了诸如文本标签和按钮之类的UI对象的完整实现。

Android中所有的UI组件都位于android.view包和android.widget包中。以文本标签TextView为例,它与View的继承关系如图2-1所示。

```
android.view.View
 └── android.widget.TextView
```

图2-1 TextView和View的继承关系

在Android中,View类及其子类的相关属性,既可以在XML布局文件中进行设置,也可以通过成员方法在Java代码中动态设置。View类的常用XML属性及对应方法如表2-1所示。

表2-1 View类的常用XML属性及对应方法

XML属性	方法	说明
android:id	setId(int)	设置组件的唯一标识符ID,可以通过findViewById()方法获取
	findViewById(int id)	与id所对应的组件建立关联
android:background	setBackgroundColor(int color)	设置背景颜色
android:alpha	setAlpha(float)	设置透明度,取值范围:[0,1]
android:visibility	setVisibility(int)	设置组件的可见性
android:clickable	setClickable(boolean)	设置组件是否响应单击事件
android:onClick		设置单击事件触发的方法
android:focusable	setFocusable(boolean)	设置是否可以获取焦点

2.1.2 ViewGroup类

ViewGroup在Android中可以理解为容器。ViewGroup类继承自View类,它是View

类的扩展，可以容纳多个 View，通过 ViewGroup 类可以创建有联系的子 View 组成的复合控件，如图 2-2 所示。

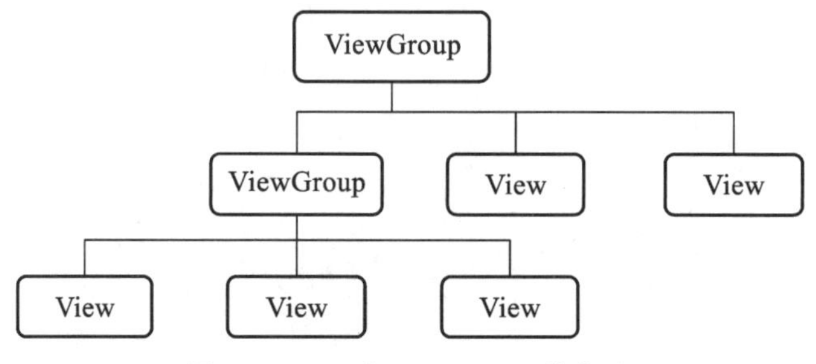

图 2-2　View 与 ViewGroup 的关系

ViewGroup 是一个抽象类，在实际应用中通常使用其子类作为容器，如用来容纳其他 UI 组件的布局管理器（将在 2.2 节详细介绍）。

组件面板的使用

2.1.3　组件面板

在 Android 应用程序中，界面是通过 XML 布局文件设定的，它可以用可视化的方式设计，也可以按 XML 代码方式设计，分别如图 2-3 和图 2-4 所示。

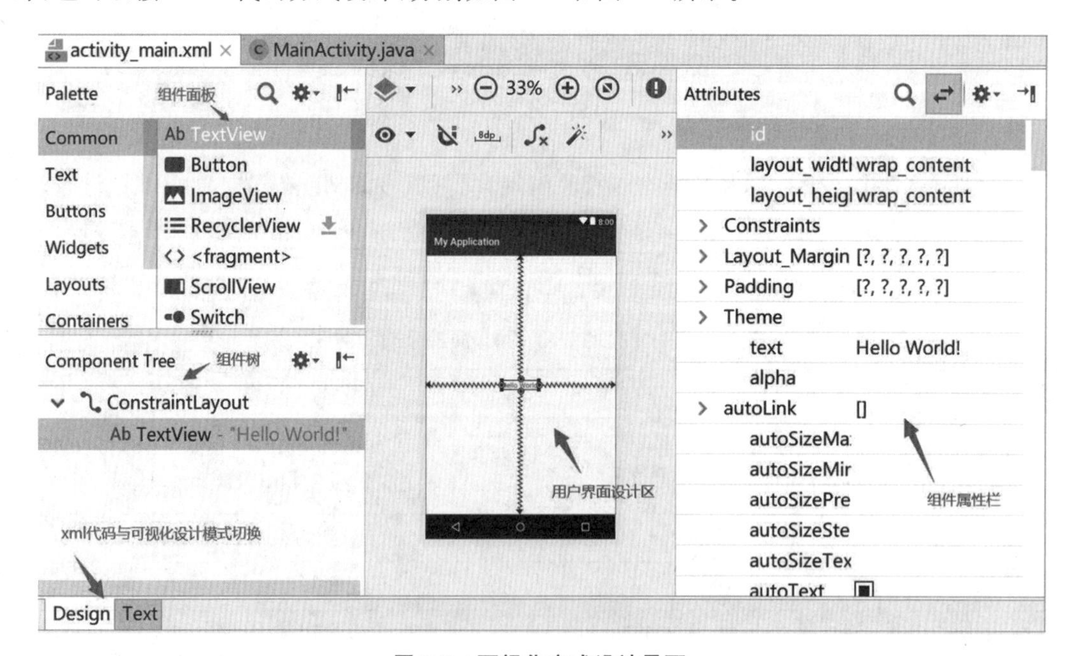

图 2-3　可视化方式设计界面

当然，可视化操作的背后仍然还是使用 XML 代码来实现的，只不过这些代码是由 Android Studio 根据我们的操作自动生成的。在传统的 Android 开发中，界面基本都是靠编写 XML 代码完成的，但可视化的方式适合初学者入门。

图 2-3 中的组件面板包括了应用屏幕上的主要 UI 元素，从组件面板中拖动一个按钮到中间的手机界面中，然后单击左下角的 Text 查看文本，可以看到 XML 已经编写完成。表 2-2 列出了其中一些常用的 UI 组件，也称为控件。

activity_main.xml × MainActivity.java ×

```xml
<?xml version="1.0" encoding="utf-8"?>
<android.support.constraint.ConstraintLayout xmlns:android="http://schemas.android.com/apk/res/android"
    xmlns:app="http://schemas.android.com/apk/res-auto"
    xmlns:tools="http://schemas.android.com/tools"
    android:layout_width="match_parent"
    android:layout_height="match_parent"
    tools:context=".MainActivity">

    <TextView
        android:layout_width="wrap_content"
        android:layout_height="wrap_content"
        android:text="Hello World!"
        app:layout_constraintBottom_toBottomOf="parent"
        app:layout_constraintLeft_toLeftOf="parent"
        app:layout_constraintRight_toRightOf="parent"
        app:layout_constraintTop_toTopOf="parent" />

</android.support.constraint.ConstraintLayout>
```

Design Text

图 2-4　XML 代码方式设计界面

表 2-2　常用 UI 组件

UI 组件	说　明
TextView	文本标签
Button	按钮
EditText	可编辑的文本输入框
RadioGroup	单选按钮组件
CheckBox	复选框
ImageView	显示图像或图标，并提供缩放、着色等各种图像处理方法
ImageButton	图像按钮
Toast	消息提示
ListView	列表框视图
Spinner	下拉列表
CalendarView	日历视图
WebView	网页浏览器视图
MapView	地图视图

◆ 2.1.4　界面事件

除了呈现给用户一个可视的用户界面，也要为用户提供和应用程序交互的功能，使程序响应用户的操作。在 Android 上，有多种方法获取用户与应用程序的交互信息。当考虑 UI 内部的事件时，我们的方法是抓取特定的与用户交互的 View 对象产生的事件。

一个事件监听器(Event Listeners)是 View 类的一个接口,该接口包含的方法会在 View 注册的事件监听器被触发时被 Android 调用,它们是用来抓取用户动作的利器。

在事件监听器中有下列方法：

(1) onClick() 位于 View. OnClickListener 中,在用户触摸该对象,或者使用轨迹球等使该对象获得焦点，并按下“Enter”键或者按下轨迹球时被调用。

(2) onLongClick() 位于 View. OnLongClickListener 中,在用户按住该元素或者按住轨迹球时调用。

(3) onFocusChange() 位于 View. OnFocusChangeListener 中,该对象获得或失去焦点时调用。

(4) onKey() 位于 View. OnKeyListener 中,在该对象获得焦点,并且按下一个键时调用。

(5) onTouch() 位于 View. OnTouchListener 中,当用户在 View 对象的范围内进行一个触摸动作(例如按下、放开或者任何的移动手势)时调用。

(6) onCreateContextMenu() 位于 View. OnCreateContextMenuListener 中,当用户长按显示一个快捷菜单时调用。

这些方法只是它们对应接口的唯一方法。为了定义这些方法，可以在 Activity 中实现这个接口，也可以使用一个匿名类。然后，将实现该接口实例传给对应的 View. set…Listener 方法。

2.2 布局管理

2.2.1 布局概述

在 Android 应用程序中,界面是通过 XML 布局文件设定的。布局管理就是在 XML 布局文件中设置组件的大小、间距、排列及对齐方式等。一个界面往往是多种布局方式的嵌套,如图 2-5 所示,在合适的地方使用正确的布局方式可以减少工作量。

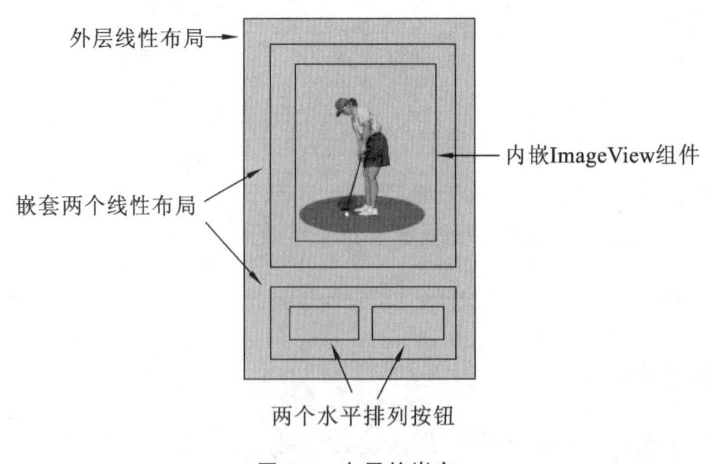

图 2-5 布局的嵌套

Android 系统中常见的布局方式有 6 种,分别是约束布局 ConstraintLayout、线性布局

LinearLayout、表格布局 TableLayout、网格布局 GridLayout、帧布局 FrameLayout 和相对布局 RelativeLayout。组件面板中的布局组件如图 2-6 所示。

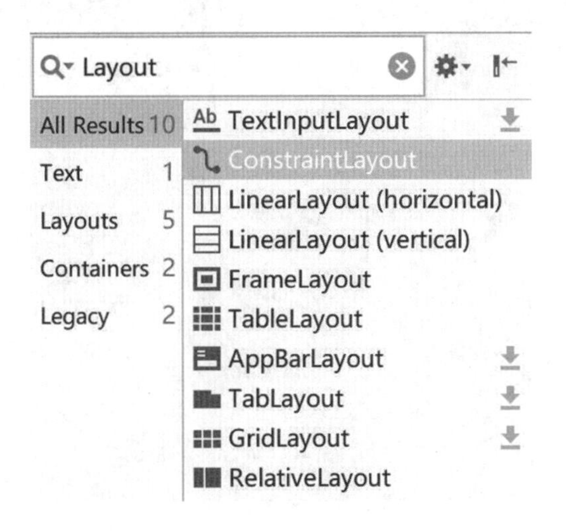

图 2-6　布局组件

Google 公司在 2016 年的 I/O 大会上推出的约束布局 ConstraintLayout，从支持力度而言，成为主流布局样式，完全代替其他布局，减少布局的层级，优化渲染性能。

1. 布局文件的规范

(1) 布局文件作为应用项目的资源存放在 res/layout 目录下，扩展名为. xml。

(2) 布局文件的根节点通常是一个布局方式，在根节点内可以添加组件作为节点。

(3) 布局文件的根节点必须包含一个命名空间。

(4) 如果要在实现控制功能的 Java 程序中控制界面中的组件，则必须为界面文件中的组件定义一个 ID。

2. 布局文件的重要属性值

(1) 设置组件大小：

- wrap_content：根据组件内容大小来决定组件的大小。
- match_parent：使组件填充所在容器的所有空间。

(2) 显示单位。Android 中的显示单位有多种。字体的大小一般采用 sp 作为显示单位，View 的大小一般采用 dp 或者 dip 作为显示单位。

当屏幕分辨率不同时，使用 dp 作为显示单位，程序能自适配 UI 组件在屏幕上面的显示，显示效果一样。

2.2.2　线性布局 LinearLayout

线性布局是 Android 中较为常用的布局方式，它将组件按照水平或垂直方向排列，如图 2-7 和图 2-8 所示。布局内的组件不换行或者列，组件依次排列，超出容器的组件则不会被显示。

图 2-7　水平线性布局

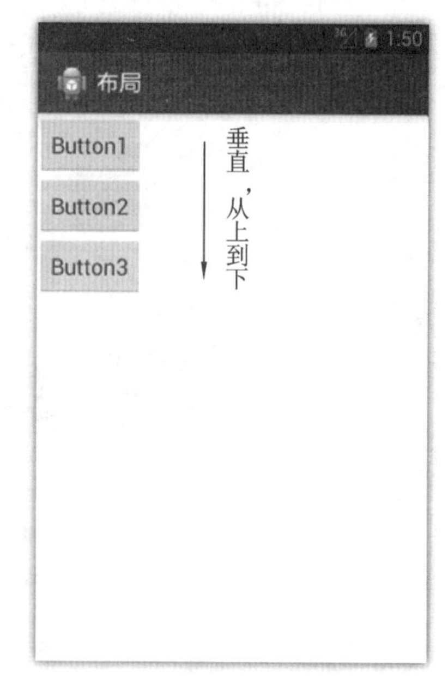

图 2-8　垂直线性布局

在 XML 布局文件中定义线性布局管理器，需要使用<LinearLayout>标记，其基本的语法格式如下：

```
< LinearLayout xmlns:android="http://schemas.android.com/apk/res/android"
    android:orientation="horizontal|vertical"
    android:gravity="位置"
    android:id=id
    android:background="背景"
    android:layout_width="基本宽度"
    android:layout_height="基本高度"
    ……
>
</LinearLayout>
```

说明

（1）组件的排列方向由 android:orientation 属性控制，其属性值有水平（horizontal）和垂直（vertical）两种，默认是水平方向。

（2）组件的对齐方式由 android:gravity 属性控制，其属性值有上（top）、下（bottom）、左（left）、右（right）、水平方向居中（center_horizontal）和垂直方向居中（center_vertical）。

2.2.3　表格布局 TableLayout

表格布局继承自线性布局，它用行、列的方式来管理容器内的控件，如图 2-9 所示。

表格布局让组件以表格的形式来排列，只要将组件或信息放在单元格中，组件就可以整齐地排列。

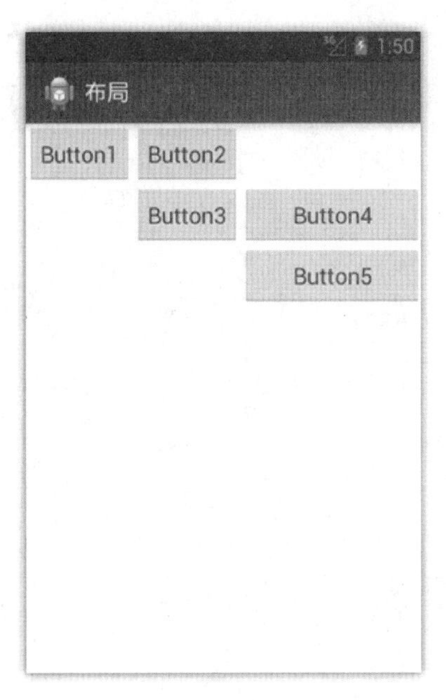

图 2-9 表格布局

在 XML 布局文件中定义表格布局管理器，需要使用<TableLayout>标记，其基本的语法格式如下：

```
< TableLayout  xmlns:android="http://schemas.android.com/apk/res/android"
        属性列表
>
        <TableRow 属性列表> 需要添加的组件 </TableRow>
        多个<TableRow>
</TableLayout>
```

说明

(1) 在 TableLayout 中，行数由 TableRow 对象控制，即布局中有多少 TableRow 对象，就有多少行。

(2) 列的索引从 0 开始。

(3) 组件放置到哪一列，由 android:layout_column 指定列编号。

2.2.4 网格布局 GridLayout

网格布局是 Android 4.0 以后新增的布局，它基本上可以代替之前的表格布局，如图 2-10 所示。

网格布局用一组无限细的直线将绘图区域分成行、列和单元，并指定组件的显示区域和组件在该区域的显示方式，可以通过设置相关属性使一个组件占据多行或多列。

网格布局实现了控件的交错显示，能够避免因布局嵌套对设备性能的影响，更利于自由布局的开发。

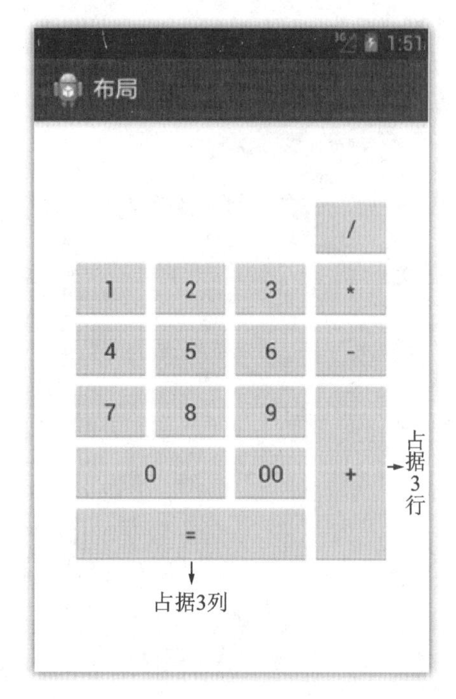

图 2-10 网格布局

在 XML 布局文件中，网格布局管理器可以使用<GridLayout>标记，其基本的语法格式如下：

```
<GridLayout xmlns:android="http://schemas.android.com/apk/res/android"
  android:columnCount="列数"
  android:orientation="horizontal|vertical"
  android:rowCount="行数"
  android:useDefaultMargins="true|false"
  android:alignmentMode="alignBounds|alignMargins"
  ……
>
</GridLayout >
```

说明

（1）属性 android:columnCount 设置组件占据的列数；

（2）属性 android:rowCount 设置组件占据的行数。

2.2.5 帧布局 FrameLayout

帧布局为每个加入其中的控件创建一个空白区域，称为一帧，每个控件占据一帧，如图 2-11 所示。

采用帧布局设计界面时，只能在屏幕左上角显示一个控件，如果添加多个控件，这些控件会按照顺序在屏幕的左上角重叠显示，且会透明显示之前控件的文本。例如：在播放器 APP 中，播放器上面的按钮就浮动在播放器上面。

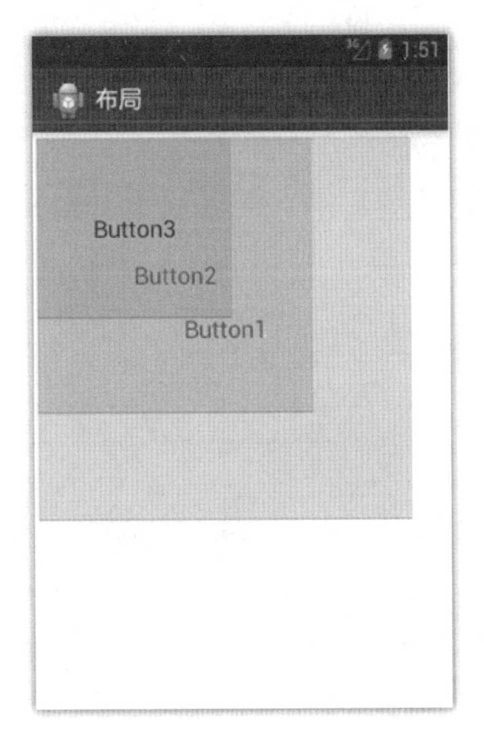

图 2-11　帧布局

在 XML 布局文件中，定义帧布局管理器可以使用<FrameLayout>标记，其基本的语法格式如下：

```
<FrameLayout xmlns:android="http://schemas.android.com/apk/res/android"
  android:foreground="前景"
  android:foregroundGravity="位置"
  ……
>
</FrameLayout>
```

2.2.6　相对布局 RelativeLayout

相对布局是采用相对于父容器或兄弟组件的位置的布局方式，如图 2-12 所示。

在相对布局中，通过指定 ID 关联其他组件，与之右对齐、上下对齐或屏幕中央等方式来排列组件。

在 XML 布局文件中，定义相对布局管理器可以使用<RelativeLayout>标记，其基本的语法格式如下：

```
<RelativeLayout xmlns:android="http://schemas.android.com/apk/res/android"
android:gravity="位置"
android:ignoreGravity="不受影响的组件"
……
>
</RelativeLayout>
```

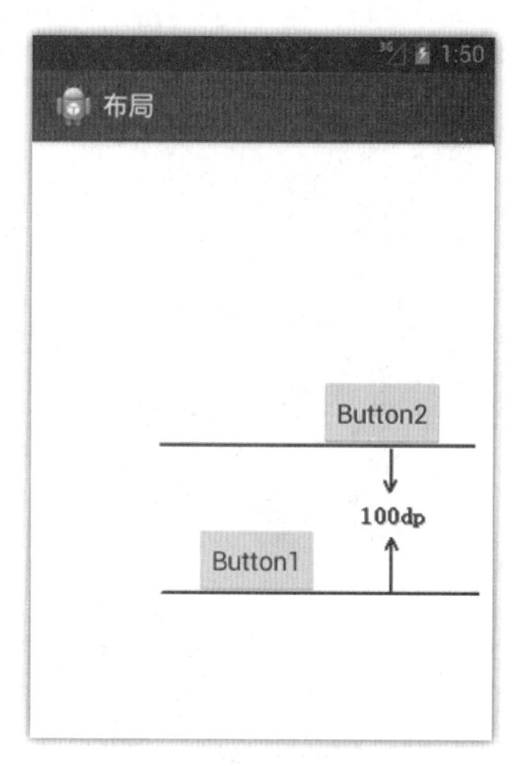

图 2-12 相对布局

相对布局是实际中应用最多，也是最灵活的布局管理器。尽量不要用手拖动的方式进行布局，这样的布局有很多瑕疵，应该通过属性设置它的左右、上下边距及左右、上下的相对组件。

约束布局的使用

2.2.7 约束布局 ConstraintLayout

约束布局是 Android 官方在 2016 年 Google 的 I/O 大会上推出的一种新布局方式，也是目前 Android 的几大布局中功能最强大的布局。自 Android Studio 2.3 起，创建布局文件的默认根元素都是 ConstraintLayout 了。

在约束布局中添加控件非常简单，只需要从组件面板中拖动控件到中间的界面编辑区域即可。在约束布局中，单击任意一个控件，该控件的上下左右四个方向各会出现一个圆圈，该圆圈代表可以添加的约束，如图 2-13 所示。

图 2-13 控件的约束

把鼠标移动到圆圈上，按住鼠标左键，然后移动鼠标到父布局的上下左右任意边缘再松开鼠标，即可给该方向添加约束，添加完约束后该圆圈会由空心圆变成实心圆，同时控件也会移动到该父布局添加约束的方向的边缘。

当给一个组件上下方向都添加约束后，该组件会在垂直方向居中，同样地，给一个组件左右方向都添加约束后，该组件会在水平方向居中，如图 2-14 所示。

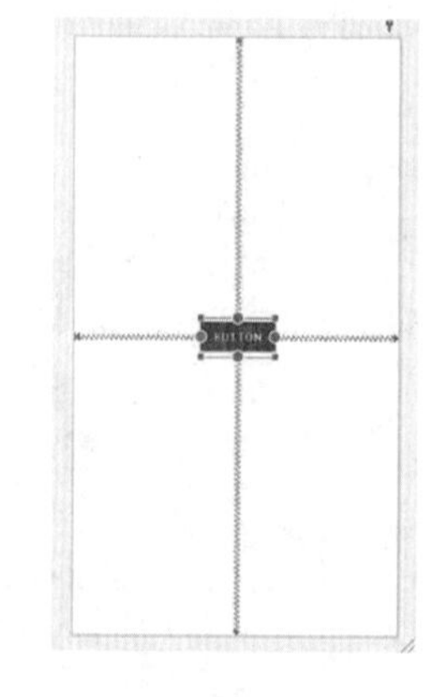

图 2-14 添加约束后的控件

约束布局非常适合使用可视化的方式来编写界面，它使用约束的方式来指定各个控件的位置和关系，有点类似于相对布局，但远比相对布局要更强大。

复杂的界面往往布局嵌套越多，程序的性能就越差，约束布局可以有效地解决布局嵌套过多的问题，减少布局的层级，优化渲染性能。

2.3 基本界面组件

2.3.1 文本标签 TextView

文本标签 TextView 用于显示文本内容，是最常用的组件之一。

从左边组件面板中拖动一个文本标签到中间的手机界面中，并设置文本标签组件的 text 属性，如图 2-15 所示。

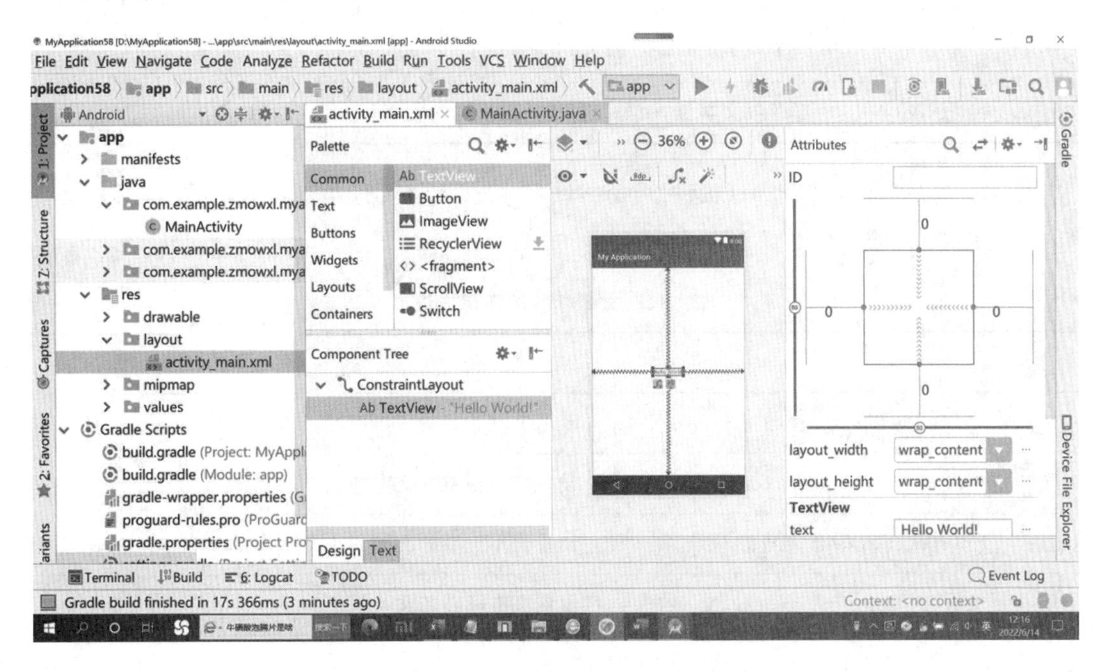

图 2-15 文本标签的添加及属性设置

之后单击左下角的“Text”标签查看文本，可以看到 XML 已经编写完成。在界面布局文件 activity_main.xml 中新增了如下代码：

```
< TextView
    android:layout_width="wrap_content"
    android:layout_height="wrap_content"
    android:text="Hello World!" />
```

对文本标签的属性设置，可以在布局文件 XML 中设置，其常用的 XML 文件元素如表 2-3 所示。

表 2-3　文本标签的常用 XML 文件元素

元素属性	说　明
android:id	文本标签 ID
android:layout_width	文本标签的宽度，通常取值"match_parent"或以像素为单位的固定值
android:layout_height	文本标签的高度，通常取值"wrap_content"或以像素 px 为单位的固定值
android:text	文本标签 TextView 的文本内容
android:textSize	文本标签 TextView 的文本大小，推荐度量单位“sp”
android:textColor	设置文本颜色
android:textStyle	设置字形，bold(粗体) 0，italic(斜体) 1，bolditalic(又粗又斜) 2，可以设置一个或多个，用“|”隔开
android:gravity	设置文本位置，如设置成“center”，文本将居中显示

文本标签的属性设置也可以通过成员方法在 Java 代码文件中动态设置，文本标签类的常用方法如表 2-4 所示。

表 2-4　文本标签的常用方法

方　法	说　明
getText()；	获取文本标签的文本内容
setText(CharSequence text)；	设置文本标签的文本内容
setTextSize(float)；	设置文本标签的文本大小
setTextColor(int color)；	设置文本标签的文本颜色

res/values 子目录存放参数描述文件资源。这些参数描述文件都是 XML 文件，如字符串(strings. xml)、颜色(colors. xml)、数组(arrays. xml)等 。如果在 strings. xml 文件中定义“hello”项：

```
<string name="hello">我对学习 Android 很感兴趣！</string>
```

则图 2-15 中文本标签的 text 属性值设置可写成如下形式：

```
<TextView
    android:layout_width="wrap_content"
    android:layout_height="wrap_content"
    android:text="@string/hello"/>
```

例2-1 文本标签

设计一个文本标签组件程序，如图 2-16 所示。

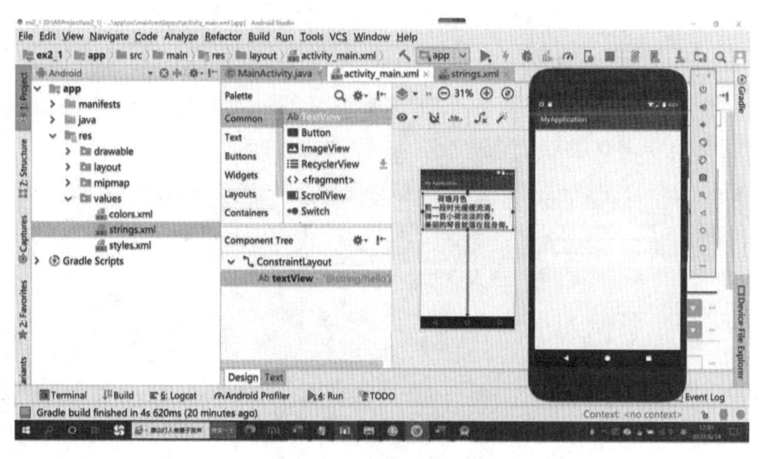

图 2-16　文本标签程序

(1) 编写资源文件 strings. xml,如图 2-17 所示。

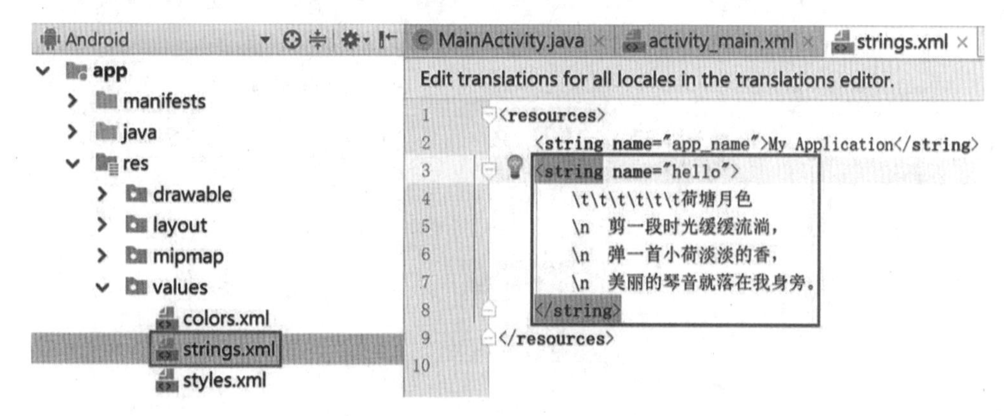

图 2-17　编写 strings. xml 文件

(2) 设计界面布局文件 activity_main. xml,如图 2-18 所示。

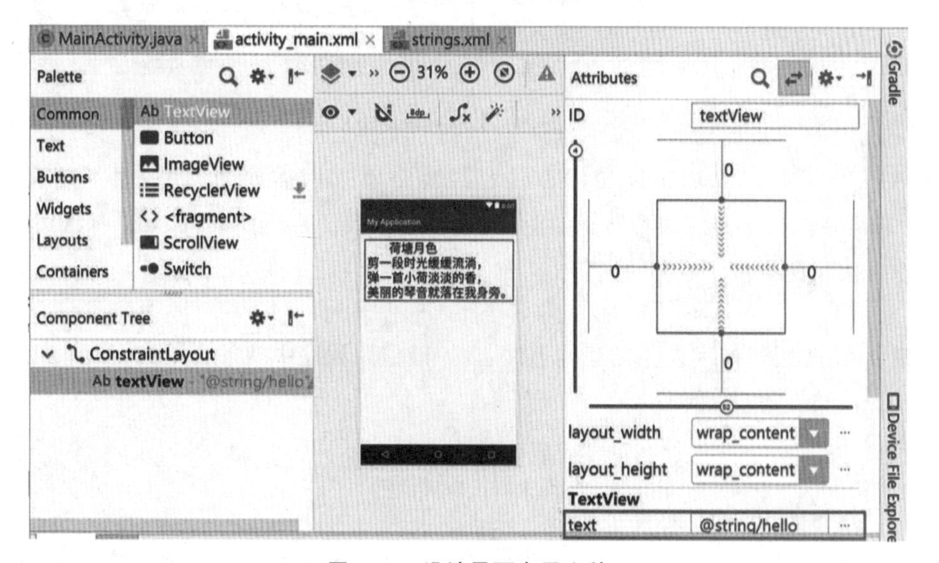

图 2-18　设计界面布局文件

(3) 设计控制文件 MainActivity.java。

如果想通过 Java 代码对组件的属性进行动态设置，需要在控制文件 MainActivity.java 源文件中添加文本标签组件，并将布局文件中所定义的文本标签元素属性值赋给文本标签，与布局文件中文本标签建立关联，代码如下：

```
public class MainActivity extends AppCompatActivity {
    TextView txt;//声明文本标签对象
    @ Override
    protected void onCreate(Bundle savedInstanceState) {
        super.onCreate(savedInstanceState);
        setContentView(R.layout.activity_main);
        txt= (TextView)findViewById(R.id.textView);//关联布局文件中的文本标签
        txt.setTextColor(Color.WHITE);//设置文本颜色为白色
    }
}
```

其中，textView 是文本标签在布局文件中定义的 ID，如图 2-19 所示。

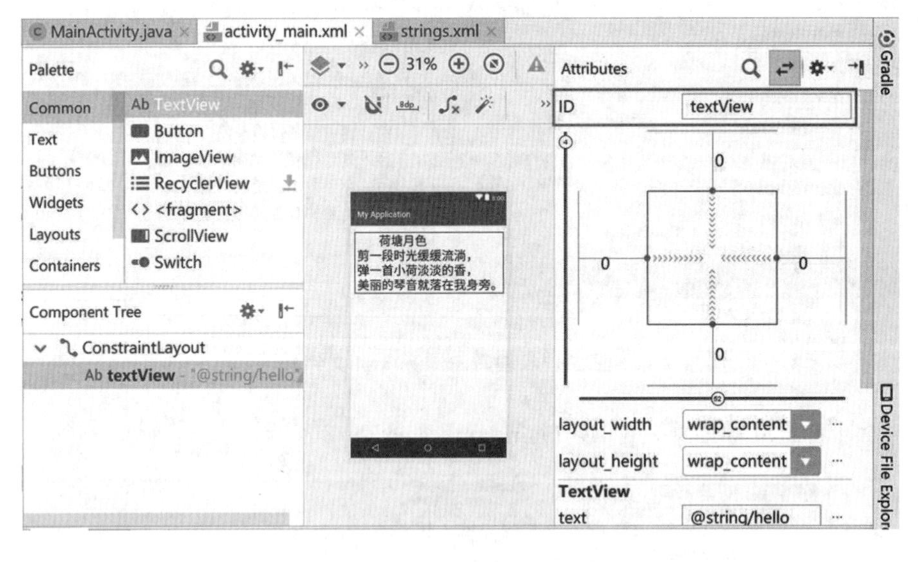

图 2-19 文本标签的 ID

从 API 26 开始，findViewById()方法已经能自动返回需要的类型，而不是直接返回 View，不再需要用括号强制类型转换，即可写为 txt = findViewById(R.id.textView)。

2.3.2 按钮 Button

按钮 Button 用于处理人机交互的事件，在一般应用程序中常常会用到，如图 2-20 所示。

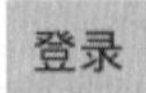

图 2-20 按钮示例

按钮 Button 是文本标签 TextView 的子类，按钮 Button 继承了文本标签 TextView 所有的方法和属性，其继承关系如图 2-21 所示。

```
android.view.View
  └─android.widget.TextView
       └─android.widget.Button
```

图 2-21 按钮 Button 与文本标签 TextView 的继承关系

图 2-20 所示的是一个登录按钮，其对应的 XML 代码如下：

```
<Button
    android:id="@+id/login_button"
    android:layout_width="wrap_content"
    android:layout_height="wrap_content"
    android:text="登录"/>
```

按钮的 text 属性值也可以定义成 strings.xml 文件中的项(假设项名为“button”)：

```
<Button
    android:id="@+id/login_button"
    android:layout_width="wrap_content"
    android:layout_height="wrap_content"
    android:text="@string/button"/>
```

按钮需要添加点击事件监听器，常用设置方法共有四种，分别是：

第 1 种：在 XML 布局文件中为按钮设置 onClick 属性指定点击方法。

(1) 直接在按钮的布局代码中添加 onClick 属性：

```
<Button
    android:id="@+id/login_button"
    android:layout_width="wrap_content"
    android:layout_height="wrap_content"
    android:text="登录"
    android:onClick="onLoginClick"/> //onLoginClick是自定义的方法名
```

(2) 在 Activity 中定义相应方法：

```
public class MainActivity extends AppCompatActivity{
    public void onCreate(Bundle savedInstanceState)
    {    ……    }//无须关联布局上的按钮
    public void onLoginClick (View v)
    {//自定义语句    }
}
```

第 2 种：在 Java 代码中创建一个内部类实现 OnClickListener 接口并重写 onClick()方法，之后需要为按钮设置 setOnClickListener(Listener listener)。

```
Button bt=(Button) findViewById(R.id.login_button);//关联布局上的按钮
View.OnClickListener  listener=new View.OnClickListener(){
    public void onClick(View v){
        //自定义语句
    }
};
bt.setOnClickListener(listener);//添加监听
```

第 3 种：在 Java 主类中实现 OnClickListener 接口，然后重写 onClick()方法。

```
public class MainActivity extends AppCompatActivity{
    public void onCreate(Bundle savedInstanceState) {
        ……
        Button bt = (Button) findViewById(R.id.login_button);//关联布局上的
按钮
        bt.setOnClickListener(new click());//添加监听
    }
    class click implements View.OnClickListener{
        public void onClick(View v) {
            //自定义语句
        }
    }
}
```

第 4 种：在 Java 代码中创建匿名内部类，即在为按钮设置监听时直接创建一个 OnClickListener 实例，不为该实例指定名称。

```
Button bt = (Button) findViewById(R.id.login_button); //关联布局上的按钮
bt.setOnClickListener(new View.OnClickListener() {//添加监听
@ Override
public void onClick(View v) {
    //自定义语句
    }
};
```

2.3.3 文本编辑框 EditText

文本编辑框 EditText 用于接收用户输入的文本信息内容，如图 2-22 所示。

请输入密码

图 2-22 文本编辑框示例

文本编辑框 EditText 继承于文本标签 TextView，其继承关系如图 2-23 所示。

```
android.view.View
  └─ android.widget.TextView
       └─ android.widget.EditText
```

图 2-23 文本编辑框 EditText 的继承关系

一个典型文本编辑框的 XML 代码示例如下：

```
<EditText
    android:id="@+id/username"
    android:layout_width="match_parent"
    android:layout_height="wrap_content"
    android:hint="用户名"/>
```

文本编辑框 EditText 常用的 XML 文件元素属性如表 2-5 所示。

表 2-5　文本编辑框 EditText 的常用 XML 文件元素属性

元素属性	说　　明
android:editable	设置是否可编辑，其值为"true"或"false"
android:numeric	设置 TextView 只能输入数字，其参数默认值为假； 如果被设置，该 TextView 有一个数字输入法，其取值只能是下列常量(可由"|"连接多个常量)：integer 正整数、signed 带符号整数、decimal 带小数点浮点数
android:password	设置为密码输入，以点"."显示文本，其值为"true"或"false"
android:phoneNumber	设置为电话号码的输入方式，其值为"true"或"false"
android:hint	Text 为空时显示的文字提示信息，可通过 textColorHint 设置提示信息的颜色

文本编辑框 EditText 主要继承文本标签 TextView 的方法，其常用方法如表 2-6 所示。

表 2-6　文本编辑框 EditText 的常用方法

方　　法	功　　能
EditText(Context context)	构造方法，创建文本编辑框对象
getText()	获取文本编辑框的文本内容
setText(CharSequence text)	设置文本编辑框的文本内容

例 2-2　在布局文件 activity_main.xml 中添加三个 UI 组件。一个是编辑框 EditText，用户可以输入信息；一个是文本标签 TextView，用于显示信息；一个是按钮 Button，用户单击按钮时，可以将编辑框输入的信息显示在文本标签中，如图 2-24 所示。

例2-2 文本编辑框

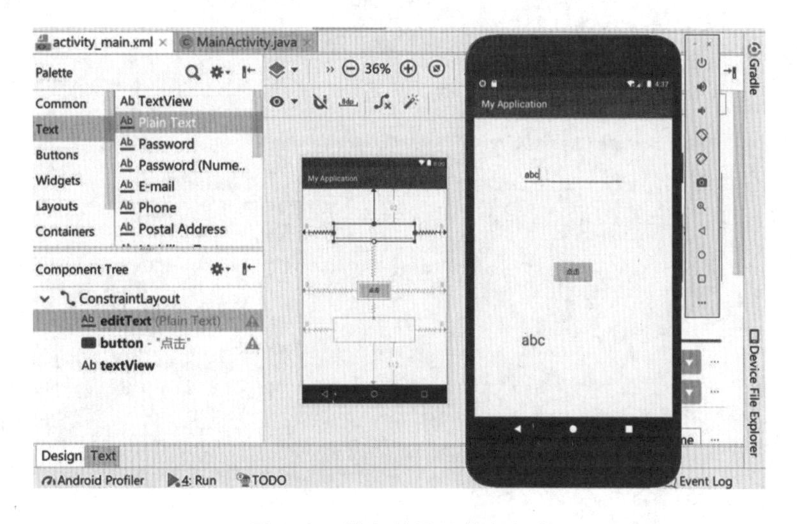

图 2-24　输入并显示信息程序

设计布局文件时要注意，编辑框 EditText 在组件面板中名为 Plain Text，如图 2-25 所示。

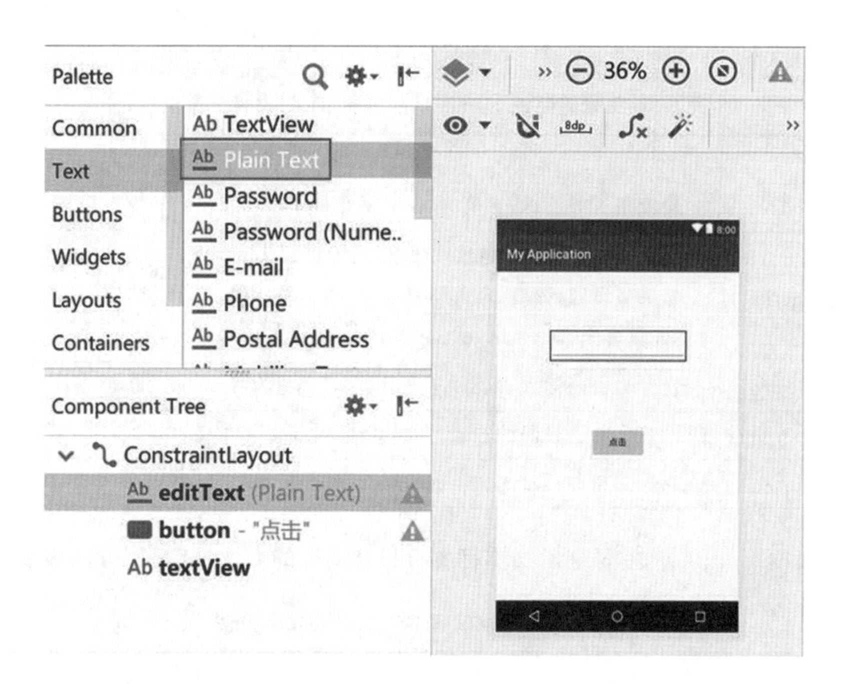

图 2-25 组件面板中的文本编辑框

MainActivity. java 代码如下：

```
public class MainActivity extends AppCompatActivity{
    Button button;
    TextView textView;
    EditText editText;  //声明编辑框变量
    @Override
    protected void onCreate(Bundle savedInstanceState) {
        super.onCreate(savedInstanceState);
        setContentView(R.layout.activity_main);  //加载布局
        button=(Button)findViewById(R.id.button);
        textView=(TextView)findViewById(R.id.textView);
        editText=(EditText)findViewById(R.id.editText);
        //关联布局上的编辑框
        button.setOnClickListener(new View.OnClickListener() {  //设置监听器
                @ Override
                public void onClick(View v) {
                    String str=editText.getText().toString();
                                                        //获取用户输入信息
                    textView.setText(str);  //将输入信息显示在文本标签上
                }
            });
    }
}
```

2.4 常用界面组件

2.4.1 复选按钮 CheckBox

复选按钮 CheckBox 用于多项选择的情形，用户可以一次性选择多个选项，如图 2-26 所示。

☑ 体育 ☐ 音乐 ☑ 美术

图 2-26 复选按钮 CheckBox 示例

CheckBox 是按钮 Button 的子类，其属性与方法继承于按钮 Button。复选按钮 CheckBox 常用方法见表 2-7。

表 2-7 复选按钮 CheckBox 的常用方法

方 法	功 能
isChecked()	判断选项是否被选中
getText()	获取复选按钮的文本内容

复选按钮应用示例如图 2-27 所示。

图 2-27 复选按钮应用示例

程序设计步骤如下：

(1) 在布局文件中声明复选按钮 CheckBox。

(2) 在 Activity 中获得复选按钮 CheckBox 实例。

(3) 调用 CheckBox 的 isChecked()方法判断该选项是否被选中。如果选项被选中，则调用 getText()方法获取选项的文本内容。

MainActivity.java 代码如下：

```
public class MainActivity extends AppCompatActivity {
    Button button;
    TextView txt;
    CheckBox ch1,ch2,ch3;
    @Override
    protected void onCreate(Bundle savedInstanceState) {
        super.onCreate(savedInstanceState);
        setContentView(R.layout.activity_main);
        button= (Button)findViewById(R.id.button);
        txt= (TextView)findViewById(R.id.textView2);
        ch1= (CheckBox) findViewById(R.id.checkBox);
        ch2= (CheckBox) findViewById(R.id.checkBox2);
        ch3= (CheckBox) findViewById(R.id.checkBox3);
        button.setOnClickListener(new View.OnClickListener(){
            public void onClick(View v){
                String str= "";
                if(ch1.isChecked()) str= str+ "\n"+ ch1.getText();
                if(ch2.isChecked()) str= str+ "\n"+ ch2.getText();
                if(ch3.isChecked()) str= str+ "\n"+ ch3.getText();
                txt.setText("您选择了:"+ str);
            }
        });
    }
}
```

单选按钮例题

2.4.2 单选组件 RadioGroup 与单选按钮 RadioButton

单选组件 RadioGroup 由一组单选按钮 RadioButton 组成。单选组件 RadioGroup 用于多项选择中只允许任选其中一项的情形，如图 2-28 所示。

◉男 ○女

图 2-28 单选组件 RadioGroup 与单选按钮 RadioButton 示例

单选按钮 RadioButton 是按钮 Button 的子类，其属性与方法继承于按钮 Button。单选按钮 RadioButton 其常用方法见表 2-8。

表 2-8 单选按钮 RadioButton 的常用方法

方　法	说　明
isChecked()	判断选项是否被选中
getText()	获取单选按钮的文本内容

单选按钮应用示例如图 2-29 所示。

图 2-29　单选按钮应用示例

程序设计步骤如下：

(1) 在布局文件中声明单选组件 RadioGroup 和单选按钮 RadioButton。

(2) 在 Activity 中获得单选按钮 RadioButton 实例。

(3) 调用 RadioButton 的 isChecked()方法判断该选项是否被选中。如果选项被选中，则调用 getText()方法获取选项的文本内容。

MainActivity.java 代码如下：

```
public class MainActivity extends AppCompatActivity {
    Button button;
    TextView txt;
    RadioButton r1,r2;
    EditText edit;
    @ Override
    protected void onCreate(Bundle savedInstanceState) {
        super.onCreate(savedInstanceState);
        setContentView(R.layout.activity_main);
        button= (Button)findViewById(R.id.button);
        txt= (TextView)findViewById(R.id.textView2);
        r1= (RadioButton) findViewById(R.id.radioButton);
        r2= (RadioButton) findViewById(R.id.radioButton2);
        edit= (EditText) findViewById(R.id.editText);
        button.setOnClickListener(new View.OnClickListener() {
            public void onClick(View v) {
                CharSequence str= "",name= "";
                name= edit.getText();
                if(r1.isChecked()) str= r1.getText();
```

```
                    if(r2.isChecked()) str= r2.getText();
                    txt.setText("您输入了:\n"+ name+ "\t"+ str);
                }
            });
        }
    }
```

2.4.3 图像显示类 ImageView

ImageView 类用于显示图片或图标等图像资源，并提供图像缩放及着色（渲染）等图像处理功能。

在使用 ImageView 组件显示图像时，通常需要将要显示的图片放置在 res/drawable 目录中，然后应用<ImageView>标记将其显示在布局管理器中。

ImageView 类的常用 XML 元素属性和对应方法见表 2-9。

表 2-9 图像显示类 ImageView 的常用属性和方法

元素属性	对应方法	说明
android:maxHeight	setMaxHeight(int)	为显示图像提供最大高度的可选参数
android:maxWidth	setMaxWidth(int)	为显示图像提供最大宽度的可选参数
android:scaleType	setScaleType(ImageView.ScaleType)	控制图像适合 ImageView 大小的显示方式（参见表 2-10）
android:src	setImageResource(int)	设置图像文件路径

ImageView 类的 scaleType 属性值见表 2-10。

表 2-10 ImageView 类的 scaleType 属性值

属性值常量	值	说明
matrix	0	用矩阵来绘图
fitXY	1	拉伸图片（不按宽高比例）以填充 View 的宽高
fitStart	2	按比例拉伸图片，拉伸后图片的高度为 View 的高度，且显示在 View 的左边
fitCenter	3	按比例拉伸图片，拉伸后图片的高度为 View 的高度，且显示在 View 的中间
fitEnd	4	按比例拉伸图片，拉伸后图片的高度为 View 的高度，且显示在 View 的右边
center	5	按原图大小显示图片，但图片宽高大于 View 的宽高时，截取图片中间部分显示
centerCrop	6	按比例放大原图直至等于某边 View 的宽高显示

续表

属性值常量	值	说　明
centerInside	7	当原图宽高等于 View 的宽高时，按原图大小居中显示；当原图宽高不等于 View 的宽高时，将原图缩放至 View 的宽高居中显示

设计一个显示资源目录中图片文件的程序，如图 2-30 所示。

程序设计步骤如下：

(1) 把事先准备的图片文件 p. png 复制到资源目录 res/drawable 中，如图 2-31 所示。

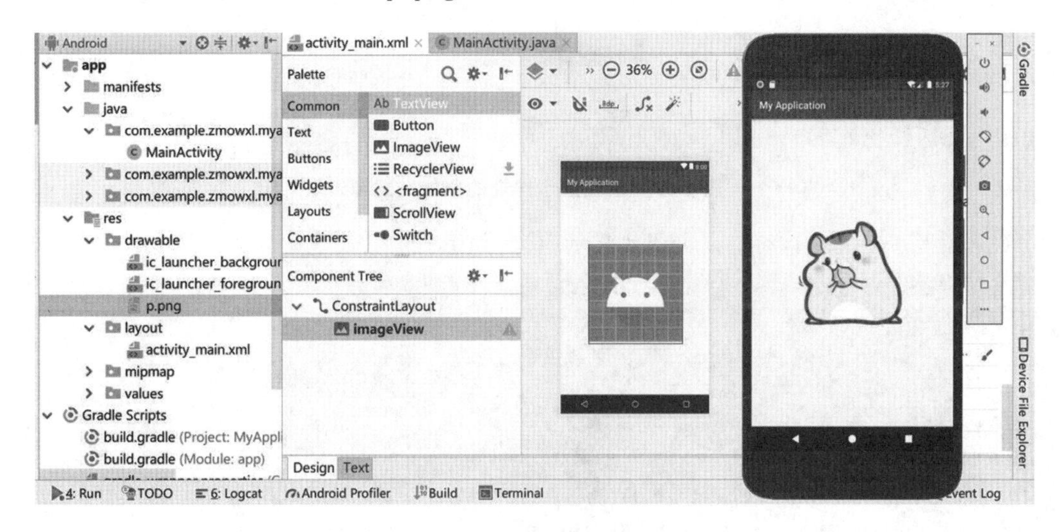

图 2-30　图片显示程序

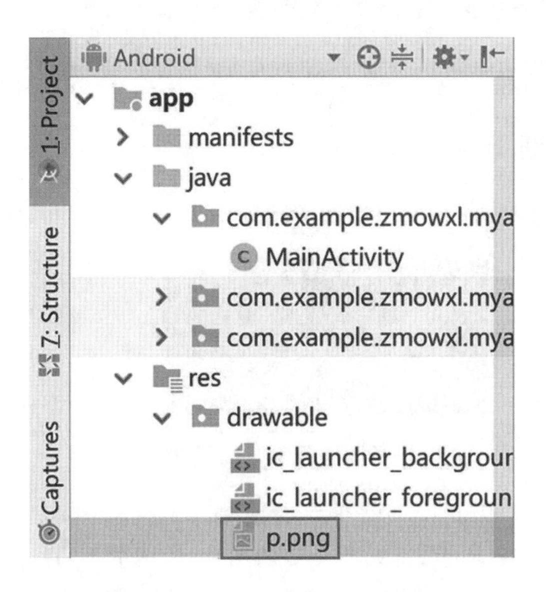

图 2-31　导入图片后的资源目录

(2) 在 XML 文件中添加 ImageView 组件，在其属性(Properties)窗口中，选择 src 项，单击右边的按钮，设置显示图像的原始数据源，如图 2-32 所示。

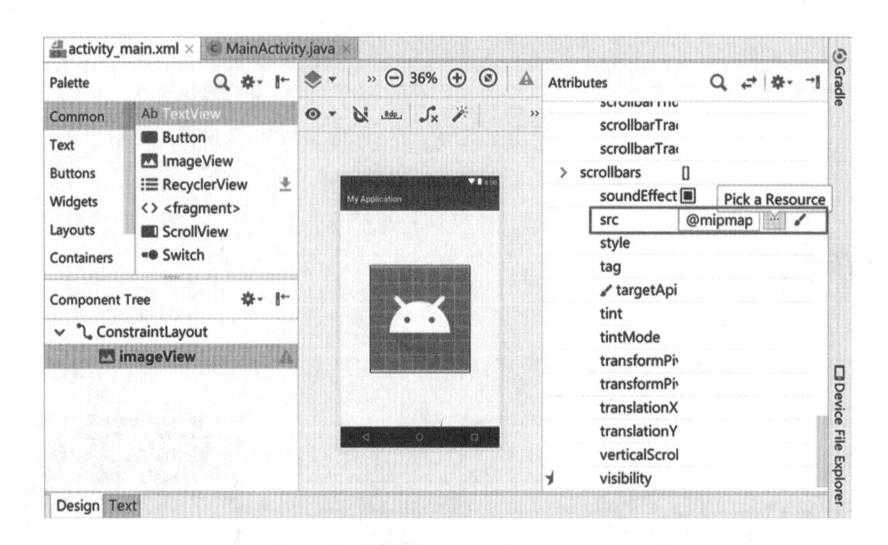

图 2-32　设置显示图像的原始数据源

(3) 编写 Java 代码，动态设置图片显示，代码如下。

```
public class MainActivity extends AppCompatActivity {
    ImageView img;
    @Override
    protected void onCreate(Bundle savedInstanceState) {
        super.onCreate(savedInstanceState);
        setContentView(R.layout.activity_main);
        img= (ImageView) findViewById(R.id.imageView);
        img.setImageResource(R.drawable.p); //动态设置图片来源
    }
}
```

2.4.4　图像按钮 ImageButton

除了使用 Button 按钮外，还可以使用带图标的按钮 ImageButton 组件，如图 2-33 所示。

图 2-33　图像按钮 ImageButton 示例

ImageButton 继承自 ImageView 类。要使用 ImageButton，首先在布局文件中定义 ImageButton，然后通过 src 属性，设置要显示的图片，生成的 XML 代码示例如下：

```
<ImageButton
android:id="@+id/button1"
android:layout_width="wrap_content"
```

```
 android:layout_height="wrap_content"
android:src="@drawable/p1"  //使用自己的图片
/>
<ImageButton
android:id="@+id/button2"
android:layout_width="wrap_content"
android:layout_height="wrap_content"
android:src="@android:drawable/sym_call_incoming " //使用系统自带的图片
/>
```

图像按钮 ImageButton 的常见 XML 属性见表 2-11。

表 2-11 图像按钮 ImageButton 的常见属性

属　性	描　述
android:adjustViewBounds	设置是否保持宽高比,取值为 true 或 false
android:cropToPadding	是否截取指定区域用空白代替。单独设置无效果,需要与 scrollY 一起使用。取值为 true 或 false
android:maxHeight	设置图片按钮的最大高度
android:maxWidth	设置图片按钮的最大宽度
android:scaleType	设置图片按钮的填充方式
android:src	设置图片按钮的 drawable
android:tint	设置图片按钮的渲染颜色

ImageButton 派生自 ImageView,而不是 Button,但它有默认的按钮外观,可以像按钮一样添加点击事件监听器,示例代码如下:

```
public class MainActivity extends AppCompatActivity {
    ImageButton imb;
    @Override
    public void onCreate(Bundle savedInstanceState) {
        super.onCreate(savedInstanceState);
        setContentView(R.layout.activity_main);
        imb=(ImageButton)findViewById(R.id.imageButton);
        imb.setOnClickListener(new click());
    }
class click implements View.OnClickListener{
        public void onClick(View v){
            //自定义代码
        }
    }
}
```

2.5 高级界面组件

进度条代码示例

2.5.1 进度条 ProgressBar

进度条 ProgressBar 能以形象的图示方式直观显示某个过程的进度，如图 2-34 所示。

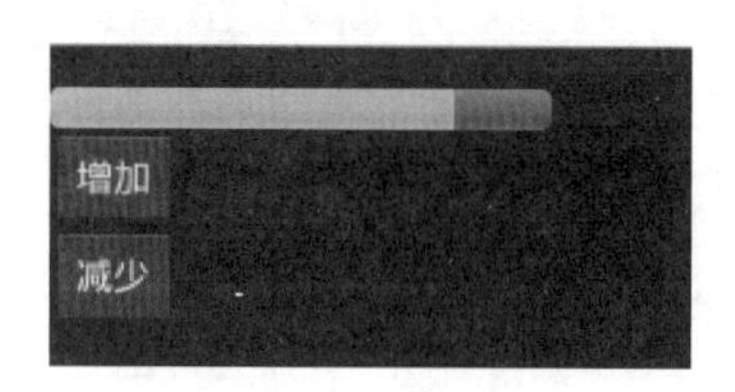

图 2-34 进度条示例

进度条 ProgressBar 的常用属性和方法见表 2-12。

表 2-12 进度条的常用属性和方法

属　性	方　法	功　能
android:max	setMax(int max)	设置进度条的变化范围为 0～max
android:progress	setProgress(int progress)	设置进度条的当前值(初始值)
	incrementProgressBy(int diff)	进度条的变化步长值

进度条的 XML 示例代码如下：

```
<ProgressBar  android:id="@+id/ProgressBar01"
        style="@android:style/Widget.ProgressBar.Horizontal"
        android:layout_width="250dp"
        android:layout_height="wrap_content"
        android:max="200"
        android:progress="50" >
</ProgressBar>
```

在 Activity 中调用 ProgressBar 的 incrementProgressBy()方法增加或减少进度，可以实现对进度条进度变化的控制。图 2-34 所示程序的 Activity 类代码如下：

```
public class MainActivity extends AppCompatActivity {
ProgressBar progressBar;
Button btn1,btn2;
    @Override
    public void onCreate(Bundle savedInstanceState) {
        super.onCreate(savedInstanceState);
        setContentView(R.layout.main);
        progressBar= (ProgressBar) findViewById(R.id.ProgressBar01);
        btn1= (Button) findViewById(R.id.button1);
```

```
        btn2=(Button)findViewById(R.id.button2);
        btn1.setOnClickListener(new click1());
        btn2.setOnClickListener(new click2());
    }
    class click1 implements View.OnClickListener{
          public void onClick(View v) {
          progressBar.incrementProgressBy(5);
        }
    }
    class click2 implements View.OnClickListener{
          public void onClick(View v) {
            progressBar.incrementProgressBy(-5);
        }
    }
}
```

2.5.2 消息提示类 Toast

在 Android 系统中，可以用 Toast 来显示帮助或提示消息，该提示消息以浮于应用程序之上的形式显示在屏幕上，如图 2-35 所示。

图 2-35 消息提示类 Toast 示例

Toast 并不获得焦点，因此不会影响用户的其他操作。当退出应用程序时，可以用 Toast 显示用户“需要更新”，或者在编辑框中输入文本时，提示用户“最多输入 20 个字符”等。

Toast 类的常用方法见表 2-13，表中还列出了两个关于 Toast 显示时间长短的常量。

表 2-13 Toast 类的常用方法及常量

方　法	说　明
Toast(Context context)	Toast 的构造方法，构造一个空的 Toast 对象
makeText(Context context, CharSequence text, int duration)	以特定时长显示文本内容，参数 text 为显示的文本，参数 duration 为显示时间，较长时间取值 LENGTH_LONG，较短时间取值 LENGTH_SHORT
getView()	返回视图

续表

方　　法	说　　明
setDuration(int duration)	设置存续时间
setView(View view)	设置要显示的视图
setGravity (int gravity, int xOffset,int yOffset)	设置提示信息在屏幕上的显示位置
setText(int resId)	更新 makeText()方法所设置的文本内容
show()	显示提示信息
LENGTH_LONG	提示信息显示较长时间的常量
LENGTH_SHORT	提示信息显示较短时间的常量

Toast 组件有两个常用方法 makeText()和 show()，其中 makeText()方法用于设置需要显示的字符串，show()方法显示消息提示框。

```
Toast toast=Toast.makeText(context,text,time);
//makeText()是静态方法,可以用类名调用
toast.show();
```

简写形式如下：

```
Toast.makeText(context,text,time).show();
```

要在页面上弹出一个图 2-35 所示的 Toast，示例代码如下：

```
Toast.makeText(MainActivity.this,"这是弹出消息!",Toast.LENGTH_SHORT).show();
```

列表代码示例

2.5.3 列表组件 ListView

在 Android 开发中，ListView 是一个比较常用的 UI 组件，它以列表的形式展示具体数据内容，并且能够根据数据的长度自适应屏幕显示，如图 2-36 所示。

图 2-36　列表组件 ListView 示例

列表组件的 XML 代码示例如下：

```
<ListView
    android:id="@+id/lv"
    android:layout_width="match_parent"
    android:layout_height="match_parent">
</ListView>
```

列表的显示需要三个元素：

- ListVeiw：用来展示数据列表的视图。
- 适配器(Adapter)：用来把数据映射到 ListView 上的媒介。
- 数据：具体的将被映射到 ListView 的字符串、图片或者基本组件。

ListView 类的常用方法见表 2-14。

表 2-14　ListView 类的常用方法

方　法	说　明
ListView(Context context)	构造方法
setAdapter(ListAdapter adapter)	设置提供数组选项的适配器
addHeaderView(View v)	设置列表项目的头部
addFooterView(View v)	设置列表项目的底部
setOnItemClickListener(AdapterView.OnItemClickListener listener)	注册单击选项时执行的方法，该方法继承于父类 android. widget. AdapterView

ListView 组件必须与适配器配合使用，由适配器提供显示样式和显示数据。适配器就像显示器，把复杂的数据按人们易于接受的方式来展示。根据列表的适配器类型，列表分为三种：ArrayAdapter、SimpleAdapter 和 SimpleCursorAdapter。其中以 ArrayAdapter 最为简单，只能展示一行字。SimpleAdapter 有最好的扩充性，可以自定义出各种效果。

为列表设置适配器的示例代码如下：

```
ListView list=(ListView)findViewById(R.id.lv);
String[] data={"1","2","3"};  //预先定义的字符串数组，即数据
ArrayAdapter<String> adapter = new ArrayAdapter<String> (MainActivity.
this,
android.R.layout.simple_list_item_1,data); //构造适配器
list.setAdapter(adapter);
```

构造适配器时要指定数据项的显示样式，android. R. layout. simple_list_item_1 表示数据项只有文本，android. R. layout. simple_list_item_2 表示数据项带有标题，android. R. layout. simple_list_item_single_choice 表示数据项带有单选按钮，android. R. layout. simple_list_item_mutiple_choice 表示数据项带有复选按钮。

为列表设置选项监听器的示例代码如下：

```
    list.setOnItemClickListener(new AdapterView.OnItemClickListener() {
        @Override
        public void onItemClick(AdapterView<?> parent, View view, int position,
long id) {
            Toast.makeText(MainActivity.this, "您选择的是:"
            + (String) parent.getItemAtPosition(position), Toast.LENGTH_SHORT).
show();
           //Toast.makeText(MainActivity.this,"您选择的是:"
           //+((TextView)view).getText(), Toast.LENGTH_SHORT).show();

        }
    });
```

监听器里的两句 Toast 效果等价，(String)parent.getItemAtPosition(position)和((TextView)view).getText()都能获取列表项的文本，程序运行效果如图 2-37 所示。

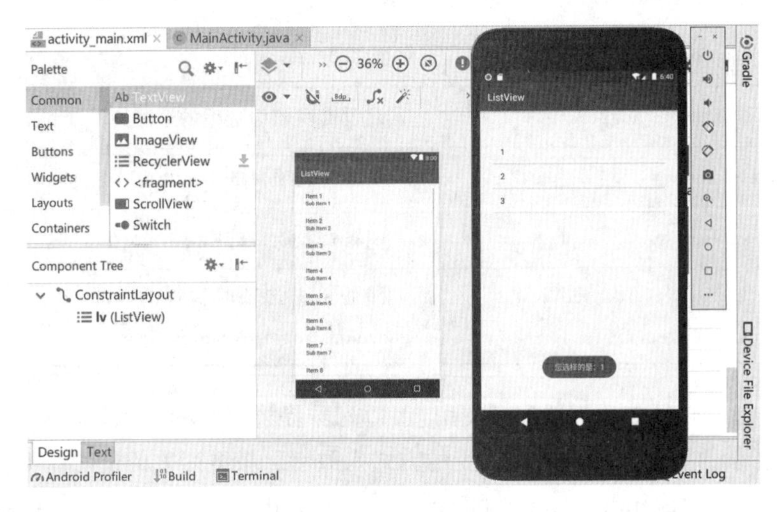

图 2-37　列表程序运行效果

第3章

UI进阶

3.1 菜单

一个菜单(menu)由多个菜单项组成，选择一个菜单项就可以引发一个动作事件。

在 Android 系统中，菜单可以分为三类：选项菜单(option menu)，上下文菜单(context menu)以及子菜单(sub menu)。

3.1.1 选项菜单

可以显示在操作栏(action bar)上的菜单被称为选项菜单，选项菜单提供了一些选项供使用者选择，如图 3-1 所示。

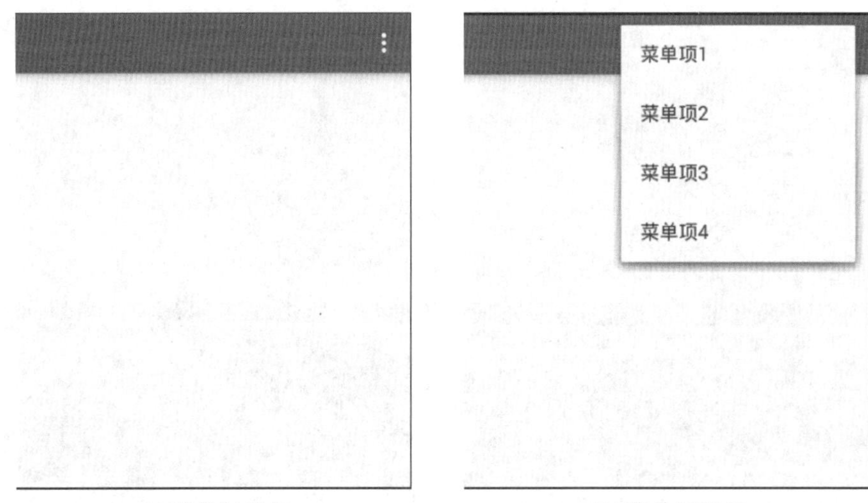

(a) 菜单打开前　　(b) 菜单打开后

图 3-1　选项菜单示例

设计选项菜单需要用到 Activity 类的 onCreateOptionsMenu(Menu menu)方法，用于建立菜单并添加菜单项；还需要用到 onOptionsItemSelected(MenuItem item)方法，用于响应菜单事件。

Activity 实现选项菜单的方法如表 3-1 所示。

表 3-1　Activity 实现选项菜单的方法

方　法	说　明
onCreateOptionsMenu(Menu menu)	用于初始化菜单，menu 为 Menu 对象实例
onPrepareOptionsMenu(Menu menu)	改变菜单状态，在菜单显示前调用
onOptionsMenuClosed(Menu menu)	菜单被关闭时调用
onOptionsItemSelected(MenuItem item)	菜单项被单击时调用，即菜单项的监听方法

设计选项菜单需要用到 Menu 和 MenuItem 接口。一个 Menu 对象代表一个菜单，Menu 对象中可以添加菜单项 MenuItem 对象，也可以添加子菜单 SubMenu。

菜单 Menu 使用 add(int groupId, int itemId, int order, CharSequence title) 方法添加

一个菜单项。

add()方法中的四个参数,依次是:

(1) 组别;

(2) Id,这个很重要,Android 根据这个 Id 来确定不同的菜单;

(3) 顺序,哪个菜单项在前面由这个参数的大小决定;

(4) 文本,菜单项的显示文本。

创建选项菜单的步骤如下:

(1) 重写 Activity 的 onCreateOptionMenu(Menu menu)方法,当菜单第一次被打开时调用;

(2) 调用 Menu 的 add( )方法添加菜单项 MenuItem;

(3) 重写 Activity 的 onOptionsItemSelected(MenuItem item)方法,当菜单项 MenuItem 被选择时会响应事件。

MainActivity.java 参考代码如下:

```
public class MainActivity extends AppCompatActivity {
    ……
    @Override
    public boolean onCreateOptionsMenu(Menu menu) {
        //调用父类方法来加入系统菜单
        super.onCreateOptionsMenu(menu);
        //添加菜单项
        menu.add( 1, 1, 1,"菜单项 1");
        menu.add( 1, 2, 2,"菜单项 2");
        menu.add( 1, 3, 3,"菜单项 3");
        menu.add( 1, 4, 4,"菜单项 4");
        return true;
    }
    @Override
    public boolean onOptionsItemSelected(MenuItem item) {
        String title ="选择了"+item.getTitle().toString();
        switch (item.getItemId()){
            //响应每个菜单项(通过菜单项的 ID)
            case 1:
            case 2:
            case 3:
            case 4:
                Toast.makeText(MainActivity.this,title,Toast.LENGTH_SHORT).
show();
                break;
            default:
                //对没有处理的事件,交给父类来处理
                return super.onOptionsItemSelected(item);
```

```
            }
            return true;
        }
    }
```

3.1.2 上下文菜单

在为一个视图注册了上下文菜单之后，长按 2 秒左右，这个视图对象就会弹出一个浮动菜单，如图 3-2 所示。

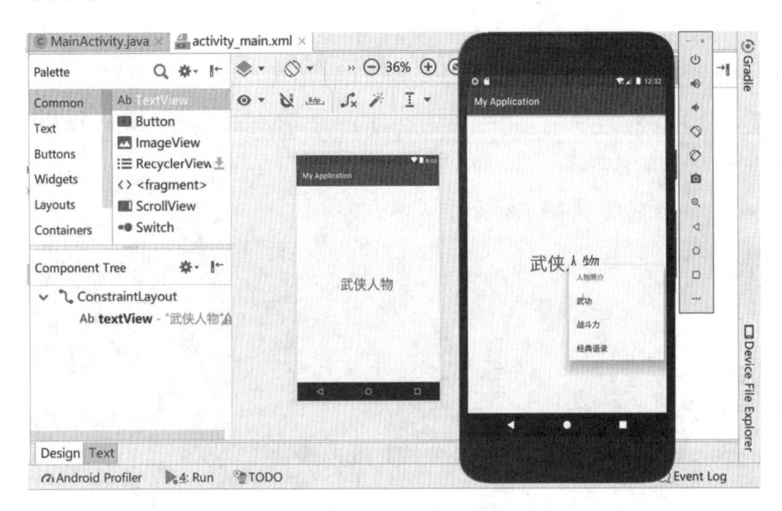

图 3-2 上下文菜单示例

创建一个上下文菜单的步骤如下：

(1) 重写 Activity 的 onCreateContextMenu() 方法。

(2) 调用 Menu 的 add 方法添加菜单项 MenuItem。

(3) 重写 Activity 的 onContextItemSelected() 方法，响应上下文菜单中菜单项的单击事件。

(4) 调用 Activity 的 registerForContextMenu() 方法，为视图注册上下文菜单。

任何视图都可以注册上下文菜单，不过最常见的是用于列表 ListView 的 item。

MainActivity.java 参考代码如下：

```
public class MainActivity extends AppCompatActivity {
    TextView txt;
    @Override
    public void onCreate(Bundle savedInstanceState) {
        super.onCreate(savedInstanceState);
        setContentView(R.layout.activity_main);
        txt=(TextView)findViewById(R.id.textView);
        registerForContextMenu(txt);
    }
    //上下文菜单，本例会通过长按条目激活上下文菜单
```

```
    @Override
    public void onCreateContextMenu(ContextMenu menu, View view,
                                    ContextMenuInfo menuInfo) {
        menu.setHeaderTitle("人物简介");
        //添加菜单项
        menu.add(0, 1, 0, "武功");
        menu.add(0, 2, 0, "战斗力");
        menu.add(0, 3, 0, "经典语录");
    }
    //菜单单击响应
    @Override
    public boolean onContextItemSelected(MenuItem item){
        //获取当前被选择的菜单项的信息
        switch(item.getItemId()){
            case 1: //在这里添加处理代码
                break;
            case 2: //在这里添加处理代码
                break;
            case 3: //在这里添加处理代码
                break;
        }
        return true;
    }
}
```

◆ 3.1.3 菜单资源文件

菜单资源文件效果示例

菜单也是一种资源，可以将菜单文件放置在 res/menu 目录下。在重写 onCreateOptionMenu(Menu menu)方法时，对菜单资源文件进行解析，解析后的菜单保存在 menu 中。

在 Android 5.0 中创建项目时，默认会自动创建 menu 目录，以及一个名为 main.xml 的菜单文件，如图 3-3 所示。如果 menu 目录没有自动创建，可以手动创建。

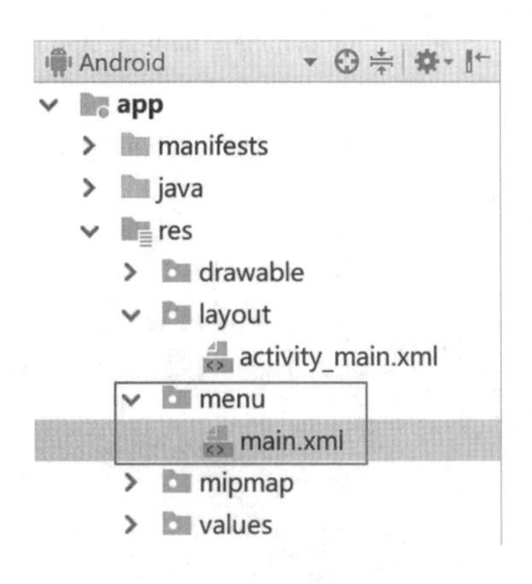

图 3-3 菜单资源文件

1. 定义菜单资源文件

菜单资源的根元素通常是<menu></menu>标记,在该标记中可以包含以下两个子元素:

- <item></item>标记,用于定义菜单项,其常用属性如表3-2所示。
- <group></group>标记,用于将菜单项包装成一个菜单组,其常用属性如表3-3所示。

表3-2 <item></item>标记的常用属性

属　　性	说　　明
android:id	用于为菜单项设置ID,也就是唯一标识
android:title	用于为菜单项设置标题
android:alphabeticShortcut	用于为菜单项指定字符快捷键
android:numericShortcut	用于为菜单项指定数字快捷键
android:icon	用于为菜单项指定图标
android:enabled	用于指定该菜单项是否可用
android:checkable	用于指定该菜单项是否可选
android:checked	用于指定该菜单项是否已选中
android:visible	用于指定该菜单项是否可见

表3-3 <group></group>标记的常用属性

属　　性	说　　明
android:id	用于为菜单组设置ID,也就是唯一标识
android:heckableBehavior	用于指定菜单组内各项菜单项的选择行为,可选值为none(不可选)、all(多选)和single(单选)
android:menuCategory	用于对菜单进行分类,指定菜单的优先级,可选值为container、system、secondary和alternative
android:enabled	用于指定该菜单组中的全部菜单项是否可用
android:visible	用于指定该菜单组中的全部菜单项是否可见

通过设置以上两类标记的属性,可以修改默认创建的main.xml的菜单文件。例如,包含3个菜单项的菜单资源,代码如下:

```
<menu xmlns:android="http://schemas.android.com/apk/res/android"
    xmlns:tools="http://schemas.android.com/tools"
    tools:context="com.mingrisoft.MainActivity" >
    <item
        android:id="@+id/item1"
        android:alphabeticShortcut="g"
```

```
            android:title="更换背景">
        </item>
        <item
            android:id="@+id/item2"
            android:alphabeticShortcut="e"
            android:title="编辑组件">
        </item>
        <item
            android:id="@+id/item3"
            android:alphabeticShortcut="r"
            android:title="恢复默认">
        </item>
    </menu>
```

如果某个菜单项中还包含子菜单，可以在该菜单项中再包含<menu></menu>标记来实现。

也可以直接双击 main.xml，打开菜单设计窗口，进行可视化设计，如图 3-4 所示。

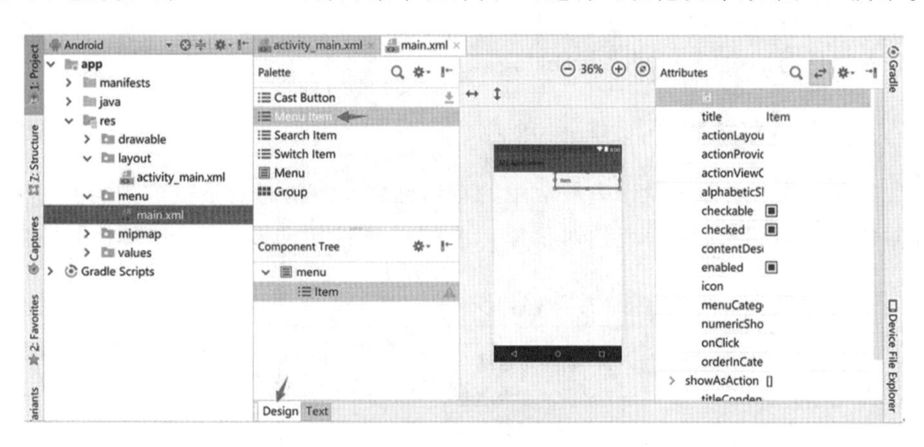

图 3-4　菜单设计窗口

2. 创建选项菜单

重写 Activity 类的 onCreateOptionsMenu()方法。在该方法中，首先创建一个用于解析菜单资源文件的 MenuInflater 对象，然后调用该对象的 inflate()方法解析一个菜单资源文件，并把解析后的菜单保存在 menu 中。关键代码如下：

```
@Override
public boolean onCreateOptionsMenu(Menu menu) {
    MenuInflater inflater=new MenuInflater(this);
                                        //实例化一个 MenuInflater 对象
    inflater.inflate(R.menu.main, menu);//解析菜单文件
    return super.onCreateOptionsMenu(menu);
}
```

3. 响应菜单项的选择

重写 Activity 类的 onOptionsItemSelected()方法。例如，当菜单项被选择时，弹出一个

消息提示框显示被选中菜单项的标题，可以使用下面的代码：

```
    @Override
    public boolean onOptionsItemSelected(MenuItem item) {
        Toast.makeText(MainActivity.this, item.getTitle(), Toast.LENGTH_SHORT).
show();
        return super.onOptionsItemSelected(item);
    }
```

3.2 对话框

对话框是一个有边框、有标题栏的独立存在的容器，在应用程序中经常使用对话框组件来进行人机交互。

Android 系统提供了四种常用对话框：

- 消息对话框(AlertDialog)；
- 进度条对话框(ProgressDialog)；
- 日期选择对话框(DatePickerDialog)；
- 时间选择对话框(TimePickerDialog)。

3.2.1 消息对话框 AlertDialog

消息对话框扩展示例

消息对话框是应用程序设计中最常用的对话框之一。消息对话框的内容很丰富，使用它可以创建普通对话框、带列表的对话框以及带单选按钮和多选按钮的对话框，如图 3-5 所示。

× 普通对话框
一个简单的消息对话框
退出 确定

图 3-5 消息对话框 AlertDialog 示例

消息对话框的常用方法如表 3-4 所示。

表 3-4 消息对话框 AlertDialog 的常用方法

方 法	说 明
AlertDialog. Builder(Context)	对话框 Builder 对象的构造方法
create()	创建 AlertDialog 对象
setTitle()	设置对话框标题
setIcon()	设置对话框图标
setMessage()	设置对话框的提示信息
setItems()	设置对话框要显示的一个 list

续表

方　　法	说　　明
setPositiveButton()	在对话框中添加“yes”按钮
setNegativeButton()	在对话框中添加“no”按钮
show()	显示对话框
dismiss()	关闭对话框

创建消息对话框对象需要使用其内部类 Builder，具体步骤如下：

(1) 用 AlertDialog. Builder 类创建消息对话框对象：

```
Builder dialog= new AlertDialog.Builder(this);
```

(2) 设置对话框的标题、图标、提示信息内容和按钮等：

```
dialog.setTitle("普通对话框");
dialog.setIcon(R.drawable.icon1);
dialog.setMessage("一个简单的消息对话框");
dialog.setPositiveButton("确定", new okClick());
dialog.setNegativeButton("退出",new exitClick());
```

(3) 创建并显示消息对话框对象：

```
dialog.create();
dialog.show();
```

(4) 如果在对话框内部设置了按钮，还需要对其设置事件监听 OnClickListener。

```
class okClick implements DialogInterface.OnClickListener{
    public void onClick(DialogInterface dialog,int which)
    {
        dialog.dismiss();//自定义代码
    }
}
class exitClick implements DialogInterface.OnClickListener{
    public void onClick(DialogInterface dialog,int which)
    {
        MainActivity.this.finish();//自定义代码
    }
}
```

3.2.2　进度条对话框 ProgressDialog

其他对话框效果示例

进度条对话框继承了进度条与对话框的特点，如图 3-6 所示，使用起来非常简单。

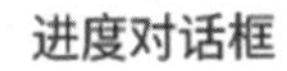

图 3-6　进度条对话框 ProgressDialog 示例

ProgressDialog 类继承于 AlertDialog 类，其常用方法见表 3-5。

表 3-5　进度条对话框 ProgressDialog 的常用方法

方　　法	说　　明
getMax()	获取对话框进度的最大值
getProgress()	获取对话框当前进度值
onStart()	开始调用对话框
setMax(int max)	设置对话框进度的最大值
setMessage(CharSequence message)	设置对话框的文本内容
setProgress(int value)	设置对话框当前进度
show(Context context, CharSequence title, CharSequence message)	设置对话框的显示内容和方式
ProgressDialog(Context context)	对话框的构造方法

创建进度条对话框的示例代码如下：

```
ProgressDialog d=new ProgressDialog (MainActivity.this);
d.setProgressStyle(ProgressDialog.STYLE_HORIZONTAL);
d.setIcon(R.drawable.dan);
d.setTitle("进度对话框");
d.setMessage("程序正在 Loading...");
d.setMax(10);
d.setIndeterminate(false);//明确进度
d.setCancelable(true); //按返回键取消
d.show();
```

3.2.3　日期选择对话框 DatePickerDialog

日期选择对话框一般用于日期的设定，如图 3-7 所示。

图 3-7　日期选择对话框 DatePickerDialog 示例

DatePickerDialog 继承于 AlertDialog，其常用方法如表 3-6 所示。

表 3-6 日期选择对话框 DatePickerDialog 的常用方法

方 法	说 明
updateDate (int year, int monthOfYear, int dayOfMonth)	设置 DatePickerDialog 对象的当前日期
onDateChanged (DatePicker view, int year, int month, int day)	修改 DatePickerDialog 对象的日期

创建日期选择对话框的示例代码如下：

```
    Calendar cal=Calendar.getInstance();
    int m_year=cal.get(Calendar.YEAR);
    int m_month=cal.get(Calendar.MONTH);  //Calendar月份从0开始计数,加1才正常
    int m_day=cal.get(Calendar.DAY_OF_MONTH);
    //设置日期监听器
    DatePickerDialog.OnDateSetListener dateListener =
                            new DatePickerDialog.OnDateSetListener(){
        @ Override
        public void onDateSet(DatePicker view, int year, int monthOfYear, int
dayOfMonth)
        {
            m_year =year;
            m_month =monthOfYear;
            m_day =dayOfMonth;
        }
    };
    //创建日期对话框对象
    DatePickerDialog date =new DatePickerDialog(MainActivity.this,
                            dateListener, m_year, m_month, m_day);
    date.show();
```

3.2.4 时间选择对话框 TimePickerDialog

时间选择对话框一般用于时间的设定，如图 3-8 所示。

图 3-8 时间选择对话框 TimePickerDialog 示例

TimePickerDialog 继承于 AlertDialog，其常用方法如表 3-7 所示。

表 3-7　时间选择对话框 TimePickerDialog 的常用方法

方　法	说　明
updateTime(int hourOfDay, int minutOfHour)	设置 TimePickerDialog 对象的时间
onTimeChanged(TimePicker view, int hourOfDay, int minute)	修改 TimePickerDialog 对象的时间

创建时间选择对话框的示例代码如下：

```
Calendar cal=Calendar.getInstance();
int m_hour=cal.get(Calendar.HOUR_OF_DAY);
int m_minute=cal.get(Calendar.MINUTE);
//设置时间监听器
TimePickerDialog.OnTimeSetListener timeListener =
                        new TimePickerDialog.OnTimeSetListener(){
     @ Override
   public void onTimeSet(TimePicker view, int hourOfDay, int minute) {
            m_hour =hourOfDay;
            m_minute =minute;
     }
};
//创建时间对话框对象
TimePickerDialogtime =new TimePickerDialog(MainActivity.this,
  timeListener, m_hour, m_minute, true);
//true 表示 24 小时制,false 表示 12 小时制
time.show();
```

3.3 图像绘制技术

在进行 UI 设计时，经常需要用到图像绘制技术，包括如何绘制几何图形、文本和线条等。在 Android 系统中绘制图形，需要用到一些绘图工具，这些绘图工具都在 android.graphics 包中。

3.3.1 画笔类 Paint

Paint 类代表画笔，用来描述图形的颜色和风格，如线宽、颜色、透明度和填充效果等信息，其常用方法如表 3-8 所示。

表 3-8　画笔类 Paint 的常用方法

方　法	说　明
Paint()	构造方法，创建一个辅助画笔对象

续表

方　法	说　明
setColor(int color)	设置颜色
setStrokeWidth(float width)	设置画笔宽度
setTextSize(float textSize)	设置文字尺寸
setAlpha(int a)	设置透明度 alpha 值
setAntiAlias(boolean b)	除去边缘锯齿，取 true 值
paint. setStyle(Paint. Style style)	设置图形为空心(Paint. Style. STROKE)或实心(Paint. Style. FILL)

使用 Paint 类时，首先要创建它的实例对象，然后通过该类提供的方法来更改 Paint 对象的默认设置。

例如，创建一个画笔，指定画笔颜色为红色，并带灰色阴影，代码如下：

```
Paint paint=new Paint();
paint.setColor(Color.RED);
paint.setShadowLayer(2, 3, 3, Color.GRAY);
```

Android 系统在 android. graphics. Color 里定义了 12 种常见的颜色常数，其颜色常数见表 3-9。

表 3-9　常见的颜色常数

颜色常数	十六进制数色码	说　明
Color. BLACK	0xff000000	黑色
Color. BLUE	0xff00ff00	蓝色
Color. CYAN	0xff00ffff	青绿色
Color. DKGRAY	0xff444444	灰黑色
Color. GRAY	0xff888888	灰色
Color. GREEN	0xff0000ff	绿色
Color. LTGRAY	0xffcccccc	浅灰色
Color. MAGENTA	0xffff00ff	红紫色
Color. RED	0xffff0000	红色
Color. TRANSPARENT	0x00ffffff	透明
Color. WHITE	0xffffffff	白色
Color. YELLOW	0xffffff00	黄色

3.3.2 画布类 Canvas

Canvas 类代表画布，通过该类提供的方法，我们可以绘制各种图形，例如矩形、圆形和线条等。画布类的常用方法如表 3-10 所示。

表 3-10 画布类 Canvas 的常用方法

方法	说明
Canvas()	创建一个空的画布，可以使用 setBitmap() 方法来设置绘制具体的画布
Canvas(Bitmap bitmap)	以 bitmap 对象创建一个画布，则将内容都绘制在 bitmap 上，bitmap 不得为 null
drawColor()	设置 Canvas 的背景颜色
setBitmap()	设置具体画布
clipRect()	设置显示区域，即设置裁剪区
rotate()	旋转画布
skew()	设置偏移量
drawLine(float x1, float y1, float x2, float y2)	绘制从点(x1, y1)到点(x2, y2)的直线
drawCircle(float x, float y, float radius, Paint paint)	绘制以(x, y)为圆心，radius 为半径的圆
drawRect(float x1, float y1, float x2, float y2, Paint paint)	绘制左上角(x1, y1)和右下角(x2, y2)的矩形
drawText(String text, float x, float y ,Paint paint)	绘制文本
drawPath(Path path, Paint paint)	绘制路径

例如，在画布上使用画笔绘制矩形，代码如下：

```
Paint paint=new Paint();
paint.setColor(Color.RED);
paint.setShadowLayer(2, 3, 3, Color.GRAY);
Rect r=new Rect(40, 40, 200, 100);
canvas.drawRect(r, paint);//使用画布对象绘制图形
```

drawText()方法用于在画布的指定位置绘制文字。例如，要在画布上输出文字“很高兴见到你”可以使用下面的代码：

```
Paint paintText=new Paint();
paintText.setTextSize(20);
canvas.drawText("很高兴见到你", 165,65, paintText);
```

drawPosText()方法也是用于在画布上绘制文字的，与 drawText()方法不同的是，使用该方法绘制字符串时，需要为每个字符指定一个位置。该方法比较常用的语法格式如下：

```
drawPosText(String text, float[] pos, Paint paint);
```

例如，要在画布上分两行输出文字“很高兴见到你”，可以使用下面的代码：

```
Paint paintText=new Paint();
paintText.setTextSize(24);
float[] pos=new float[]{80,215, 105,215, 130,215,80,240, 105,240, 130,240};
canvas.drawPosText("很高兴见到你", pos, paintText);
```

3.3.3 路径类 Path

当绘制由一些线段组成的图形(如三角形、四边形等)时,需要先用 Path 类来描述线段路径,再使用 Canvas 类提供的 drawPath()方法将定义好的路径绘制在画布上。路径类 Path 的常用方法见表 3-11。

表 3-11 路径类 Path 的常用方法

方法	说明
addArc(RectF oval, float startAngle, float sweepAngle)	添加弧形路径
addCircle(float x, float y, float radius, Path.Direction dir)	添加圆形路径
addOval(RectF oval, Path.Direction dir)	添加椭圆形路径
addRect(RectF rect, Path.Direction dir)	添加矩形路径
addRoundRect(RectF rect, float rx, float ry, Path.Direction dir)	添加圆角矩形路径
moveTo(float x, float y)	设置开始绘制直线的起始点
lineTo(float x, float y)	在 moveTo()方法设置的起始点与该方法指定的结束点之间画一条直线,如果在调用该方法之前没使用 moveTo()方法设置起始点,那么将从(0,0)点开始绘制直线
quadTo(float x1, float y1, float x2, float y2)	用于根据指定的参数绘制一条线段轨迹
close()	闭合路径

例如,要创建一个顺时针旋转的圆形路径,可以使用下面的代码:

```
Path path=new Path();                                  //创建并实例化一个 path 对象
path.addCircle(150, 200, 60, Path.Direction.CW);  //在 path 对象中添加一个圆形路径
```

要创建一个折线,可以使用下面的代码:

```
Path mypath=new Path();          //创建并实例化一个 mypath 对象
mypath.moveTo(50, 100);          //设置起始点
mypath.lineTo(100, 45);          //设置第一段直线的结束点
mypath.lineTo(150, 100);         //设置第二段直线的结束点
mypath.lineTo(200, 80);          //设置第三段直线的结束点
```

绘图过程效果示例

3.3.4 绘图过程

在 Android 中绘图,通常情况下需要先创建一个继承自 View 类的视图,并且在该类中

重写它的 onDraw(Canvas canvas)方法，然后在显示绘图的 Activity 中显示该视图。示例代码如下：

```
public class MainActivity extends AppCompatActivity {
    @Override
    protected void onCreate(Bundle savedInstanceState) {
        super.onCreate(savedInstanceState);
        //setContentView(R.layout.activity_main);
        TestView tView=new TestView(this);
        setContentView(tView);//显示自定义 View 类的子类对象
    }
    private class TestView extends View//自定义 View 类的子类
    {
        public TestView(Context context)
        {
                super(context);
        }
        @Override
        protected void onDraw(Canvas canvas)//重写 onDraw()方法
        {
            canvas.drawColor(Color.CYAN);//设置背景为青色
            Paint paint=new Paint();
            paint.setStrokeWidth(3);//设置画笔宽度
            paint.setStyle(Paint.Style.STROKE); //设置画空心图形
            paint.setAntiAlias(true); //去锯齿
            canvas.drawRect(110,110,170,170,paint); //画空心矩形(正方形)
            /* 画实心矩形(正方形)* /
            paint.setStyle(Paint.Style.FILL);
            canvas.drawRect(200,110,270,170,paint);
             /* 画蓝色实心圆* /
            paint.setColor(Color.BLUE);
            canvas.drawCircle(200,220,30,paint);
             /* 在蓝色实心圆上画一个小白点* /
            paint.setColor(Color.WHITE);
            canvas.drawCircle(191,211,6,paint);
            /* 画红色三角形* /
            paint.setColor(Color.RED);
            Path path=new Path();
            path.moveTo(200, 270);
            path.lineTo(170, 330);
            path.lineTo(230,330);
            path.close();
```

绘图过程扩展示例（自定义组件）

```
                canvas.drawPath(path,paint);
                /* 写蓝色文字* /
                paint.setTextSize(28);
                paint.setColor(Color.BLUE);
                canvas.drawText("hello world",130,370,paint);
            }
        }
    }
```

代码运行效果如图 3-9 所示。

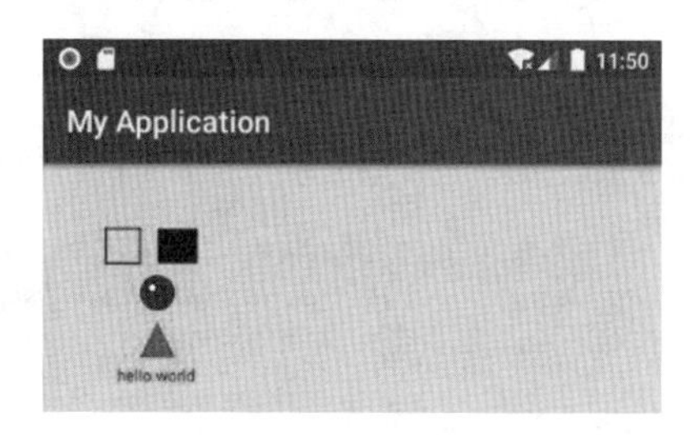

图 3-9　绘制几何图形示例

3.4 动画技术

动画是动态变化的效果,可以分为两大类,如图 3-10 所示。

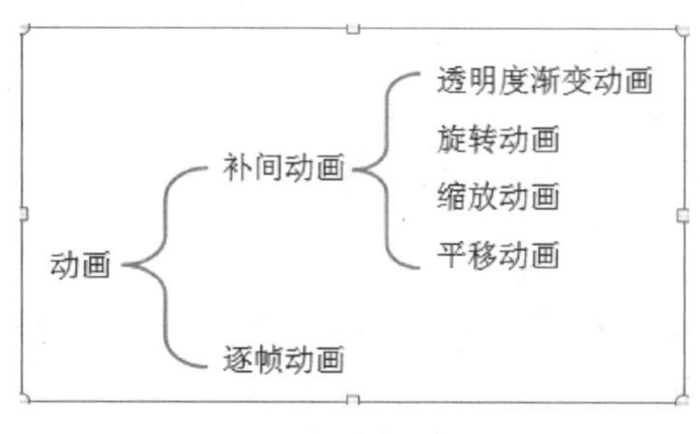

图 3-10　动画的分类

逐帧动画(frame animation)需要创建一个 Drawable 序列,这些 Drawable 可以按照指定的时间间歇一个一个地显示。补间动画(tween animation)只需指定开始和结束的"关键帧",而变化中的其他帧由系统来计算,不必一帧一帧地去定义。

后来出现的属性动画(poperty animation)其实是补间动画发展来的,用了面向对象的思想,把动画用到的属性进行封装。

3.4.1　逐帧动画

逐帧动画效果示例

逐帧动画就是按顺序播放事先准备好的静态图像,利用人眼的"视觉暂留"原理,给用户造成动画的错觉,如图 3-11 所示。放胶片看电影的原理与逐帧动画的原理是一样的,它们都是一张一张地播放事先准备好的静态图像。

一个逐帧动画的例子如图 3-12 所示,其中 res/drawable 目录下的 p1～p5 是事先准备

图 3-11　逐帧动画示例

好的连续图片，res/drawable 目录下的 test. xml 是动画文件。

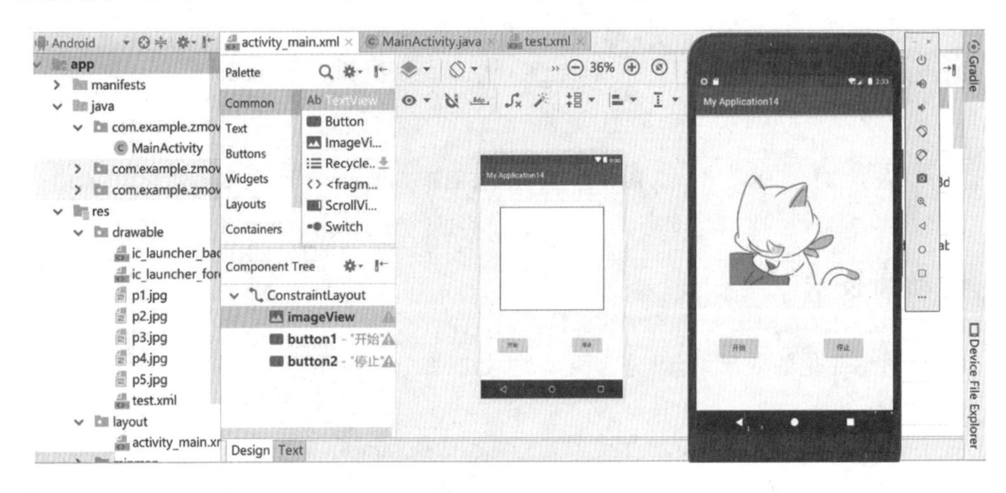

图 3-12　一个逐帧动画的例子

test. xml 代码如下：

```
<?xml version="1.0" encoding="utf- 8"? >
<animation-list  xmlns:android="http://schemas.android.com/apk/res/android">
//item =动画图片资源;duration =设置一帧持续时间(ms)
<item android:drawable="@drawable/p1" android:duration="100"/>
<item android:drawable="@drawable/p2" android:duration="100"/>
<item android:drawable="@drawable/p3" android:duration="100"/>
<item android:drawable="@drawable/p4" android:duration="100"/>
<item android:drawable="@drawable/p5" android:duration="100"/>
</animation-list>
```

MainActivity. java 代码如下：

```
public class MainActivity extends AppCompatActivity {
    private Button btn_start,btn_stop;
    private ImageView iv;
    private AnimationDrawable animationDrawable;
```

```
    @Override
    protected void onCreate(Bundle savedInstanceState) {
        super.onCreate(savedInstanceState);
        setContentView(R.layout.activity_main);
        iv = (ImageView) findViewById(R.id.imageView);
        btn_start = (Button) findViewById(R.id.button1);
        btn_stop = (Button) findViewById(R.id.button2);
    }
    //开始动画
    public void click1(View v) {
        // 1.设置动画
        iv.setImageResource(R.drawable.test);
        // 2.获取动画对象
        animationDrawable = (AnimationDrawable) iv.getDrawable();
        // 3.启动动画
        animationDrawable.start();
    }
    //停止动画
    public void click2(View v) {
        animationDrawable.stop();
    }
}
```

3.4.2 补间动画

补间动画效果示例

补间动画对一张动画进行操作，让动画形成运动的轨迹。但是，实际上，图片的位置是初始位置，没有变化。

补间动画共有 4 种动画效果，可以通过 XML 文件来定义。

1. 淡入淡出动画

淡入淡出动画（alpha animation）是指通过改变 View 组件透明度来实现的渐变效果，又称为透明度渐变动画。它主要通过为动画指定开始时的透明度、结束时的透明度以及动画持续时间来创建动画。

XML 中透明度渐变动画的基本语法如下：

```
<alpha
    android:repeatMode="restart"
    android:repeatCount="infinite"
    android:duration="1000"
    android:fromAlpha="0.0"
    android:toAlpha="1.0"/>
```

2. 旋转动画

旋转动画（rotate animation）是通过为动画指定开始时的旋转角度、结束时的旋转角度以及动画播放时长来创建动画的。

XML 中旋转动画的基本语法如下：

```
<rotate
    android:fromDegrees="0"
    android:toDegrees="180"
    android:pivotX="50%"
    android:pivotY="50%"
    android:repeatMode="reverse"
    android:repeatCount="infinite"
    android:duration="2000"/>
```

3. 缩放动画

缩放动画（scale animation）是通过为动画指定开始时的缩放系数、结束时的缩放系数以及动画持续时长来创建动画的。

XML 中缩放动画的基本语法如下：

```
<scale
    android:repeatMode="restart"
    android:repeatCount="infinite"
    android:duration="3000"
    android:fromXScale="1.0"
    android:fromYScale="1.0"
    android:toXScale="2.0"
    android:toYScale="0.5"
    android:pivotX="50%"
    android:pivotY="50%" />
```

4. 平移动画

平移动画（translate animation）是通过为动画指定开始位置、结束位置以及动画持续时长来创建动画的。

XML 中平移动画的基本语法如下：

```
<translate
android:fromXDelta="50"
android:fromYDelta="50"
android:toXDelta="200"
android:toYDelta="200"
android:repeatCount="infinite"
android:repeatMode="reverse"
android:duration="5000"/>
```

定义好的动画文件放在 res/anim 目录下，如图 3-13 所示。

在 Java 代码中解析动画文件 test.xml 的代码如下：

```
Animation animation;
animation=AnimationUtils.loadAnimation(this,R.anim.test);
image.startAnimation(animation);//为图片添加动画效果
txt.startAnimation(animation);//为文字添加动画效果
```

也可以不使用.xml 文件，直接使用 Java 代码。这 4 种动画效果对应不同子类，每个子

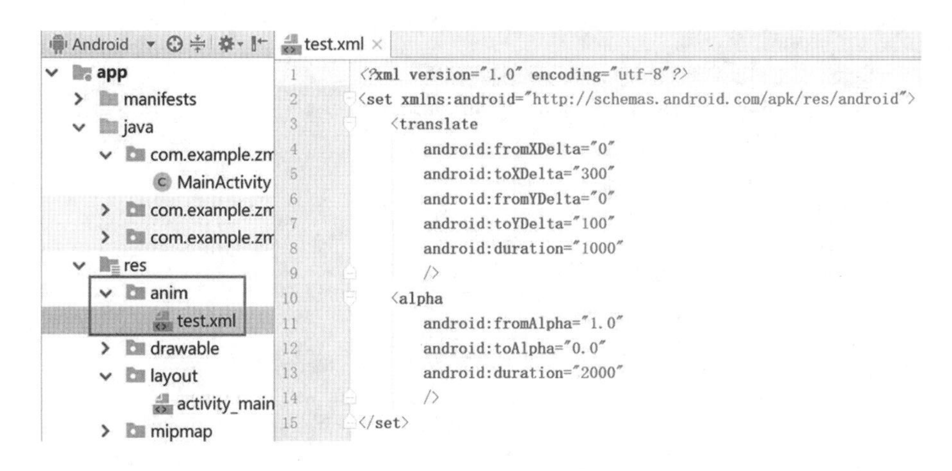

图 3-13　补间动画文件示例

类有不同的构造方法：

（1）淡入淡出效果 Alpha，对应子类为 AlphaAnimation；

（2）旋转效果 Rotate，对应子类为 RotateAnimation；

（3）缩放效果 Scale，对应子类为 ScaleAnimation；

（4）平移效果 Translate，对应子类为 TranslateAnimation。

如果对一张图片设置淡入淡出动画效果，代码如下：

```
58        //创建一个 AnimationSet 对象，参数为 Boolean 型
59         AnimationSet animationSet=new AnimationSet(true);
60        //创建一个 AlphaAnimation 对象，参数从完全不透明到完全透明
61        AlphaAnimation alphaAnimation=new AlphaAnimation(1, 0);
62        //设置动画执行的时间
63        alphaAnimation.setDuration(500);
64        //将 alphaAnimation 对象添加到 AnimationSet 当中
65        animationSet.addAnimation(alphaAnimation);
66        //使用 ImageView 的 startAnimation 方法执行动画
67        image.startAnimation(animationSet);
```

第 59 行定义的 AnimationSet 是 Animation 的子类，用于设置动画的属性。

如果设置的是旋转动画效果，则代码如下：

```
36        AnimationSet animationSet=new AnimationSet(true);
37        RotateAnimation rotateAnimation=new RotateAnimation(0, 360,
38               Animation.RELATIVE_TO_SELF,0.5f,
39               Animation.RELATIVE_TO_SELF,0.5f);
40        rotateAnimation.setDuration(1000);
41        animationSet.addAnimation(rotateAnimation);
42        image.startAnimation(animationSet);
```

如果设置的是缩放动画效果，则代码如下：

```
47        AnimationSet animationSet=new AnimationSet(true);
48        ScaleAnimation scaleAnimation=new ScaleAnimation(
49              0, 0.1f,0,0.1f, Animation.RELATIVE_TO_SELF,
```

```
50              0.5f,  Animation.RELATIVE_TO_SELF,0.5f);
51          scaleAnimation.setDuration(1000);
52          animationSet.addAnimation(scaleAnimation);
53          image.startAnimation(animationSet);
```

如果设置的是平移动画效果，则代码如下：

```
72          AnimationSet animationSet=new AnimationSet(true);
73          TranslateAnimation translateAnimation=
74                  new TranslateAnimation(
75                          Animation.RELATIVE_TO_SELF,0f,
76                          Animation.RELATIVE_TO_SELF,0.5f,
77                          Animation.RELATIVE_TO_SELF,0f,
78                          Animation.RELATIVE_TO_SELF,0.5f);
79          translateAnimation.setDuration(1000);
80          animationSet.addAnimation(translateAnimation);
81          image.startAnimation(animationSet);
```

3.4.3 属性动画

补间动画通过对 View 中的内容进行一系列的图形变换来实现动画效果。补间动画只是更改 View 的绘画效果，而 View 的真实属性是不改变的。

Android 3.0 版本以后引进了属性动画（property animation），它可以直接更改 View 对象的属性，提高了编程效率和代码的可读性。

属性动画是通过控制对象中的属性值产生的动画，属性动画主要的核心类有 ValueAnimator 和 ObjectAnimator。其中，ObjectAnimator 类是 ValueAnimator 类的子类，它可以直接对任意对象的任意属性进行动画操作。

构造 ObjectAnimator 对象的方法为 ofFloat()，示例代码如下：

```
ObjectAnimator animator;
animator=ObjectAnimator.ofFloat(img, "alpha",1.0F, 0.0F, 1.0F);
animator.setDuration(3000);
animator.start();
animator=ObjectAnimator.ofFloat(img, "rotation", 0.0F, 360.0F);
animator.setDuration(1000);
animator.start();
animator=ObjectAnimator.ofFloat(img, "ScaleY", 1.0F, 0.5F, 1.0F);
animator.setDuration(5000);
animator.start();
animator=ObjectAnimator.ofFloat(img, "translationX", 0, 200, - 200, 0);
animator.setDuration(2000);
animator.start();
```

可见，ofFloat()方法的第 1 个参数用于指定动画对象要操作的 UI 组件，第 2 个参数用于指定动画对象要操作的属性，第 3 个参数是可变长参数，用于设置动画的起点和终点位置。

第4章

Android程序生命周期

通常把一个对象从创建、使用直到释放的过程称为该对象的生命周期。开发人员可以根据 Android 各组件生命的起始，设置它应完成的使命。最常见的模式：在生命开始时，进行界面初始化工作；在生命即将结束时，进行资源释放和销毁等工作。

本章以 Activity 组件为例，说明 Android 系统如何管理程序组件的生命周期。

4.1 进程与线程

4.1.1 进程

Android 是一个多任务的操作系统，但是在同一个时间只能有一个活动的应用程序对用户可见。由于手机内存有限，每多执行一个应用程序，就会多消耗一部分系统可用的内存，程序运行的越多，内存消耗就越大，系统运行就越慢，甚至不稳定，导致用户体验越来越糟糕。为提高手机内存的利用率，Android 系统需要回收一些不重要的应用程序。在进行回收时，将按照进程的优先级来终止相应的程序。等级低的进程会先被淘汰，从而释放资源。

在 Android 系统中，一个应用程序可以理解为一个独立的进程。根据进程内的组件和组件的状态，进程被划分为 5 种不同重要程度的等级，如图 4-1 所示。

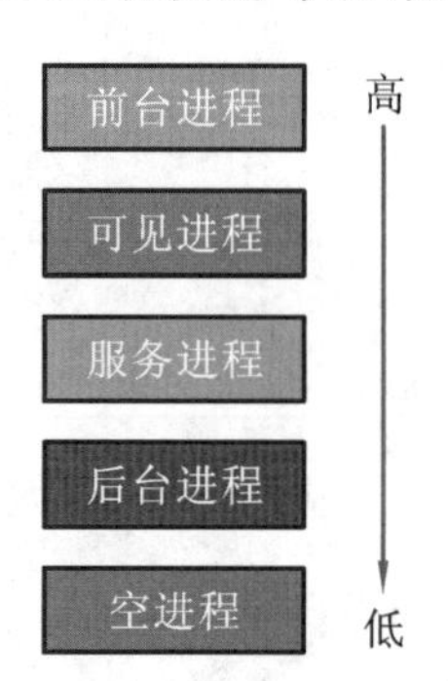

图 4-1 Android 进程的优先级

(1) 前台进程：目前显示在屏幕上正和用户交互的进程。

(2) 可见进程：可以被用户看见，只是目前不是最上层界面。

(3) 服务进程：一个包含已启动服务的进程。

(4) 后台进程：不包含任何已经启动的服务，而且没有任何用户可见的 Activity 进程。

(5) 空进程：不包含任何活跃组件的进程。

Handler类使用示例

4.1.2 线程

一个进程中，可以有一个或多个线程。Android 系统中，应用程序运行后默认创建一个线程，即主线程。任何耗时的操作都会降低用户界面的响应速度，甚至导致用户界面失去响应。为避免不良的用户体验，需要单独启动子线程。

Android 程序中主线程和子线程的任务分工如下：

1. 主线程

当一个程序首次启动时，Android 会启动一个 Linux 进程和一个主线程。主线程负责处理与 UI 相关的事件,并把相关的事件分发到对应的组件进行处理。所以,主线程通常又被叫作 UI 线程。顾名思义,Android UI 操作必须在 UI 线程中执行。由于 Android 的 UI 是单线程(single-threaded)的,当其任务繁重时,需要其他线程来配合工作。

2. 子线程

非 UI 线程即子线程,子线程一般都是后台线程。运用子线程的场合:进行数据、系统等其他非 UI 的操作或者把所有运行慢的、耗时的操作移出主线程,放到子线程中。通常,子线程需要开发人员对其进行定义、启动、终止等操作控制。

主线程和子线程的一种通信方式如图 4-2 所示,其中 Handler 类是消息发送器,Message 类进行消息封装,MessageQueue 类是先进先出(FIFO)的消息队列,Looper 类负责不断地从消息队列中抽取消息执行。

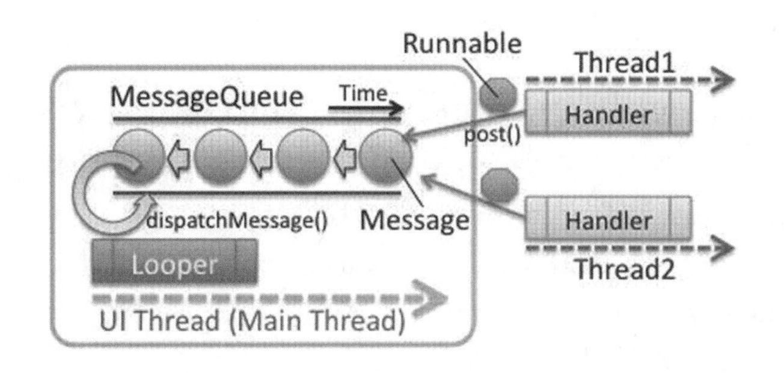

图 4-2 主线程和子线程的一种通信方式

Android 默认当用户界面失去响应超过 5 000 ms,即 5 s 时,弹出 ANR(Application Not Responding)窗口,窗口中为用户提供两个按钮,一个是强行关闭,另外一个是继续等待。为避免 ANR 错误,可单独开子线程,通过独立的 Thread 或使用 AsyncTask 等方式来处理耗时操作。

定义线程的代码示例:

```
class MyThread extends Thread
{
    @Override
    public void run() {
        ……
    }
}
MyThread myThread=new MyThread();
```

启动线程的代码示例:

```
If(!myThread.isAlive())
myThread.start();
```

在 run()方法返回后,线程自动终止,或者通知线程自行终止,一般调用 interrupt()方法通告线程准备终止。

```
myThread. interrupt ();
```

实际上,interrupt()方法仅是改变了线程内部的一个布尔值,run()方法能够检测到这个布尔值的改变,从而在适当的时候释放资源和终止线程。

```
while (!Thread.interrupted()) {
//线程代码
}
```

4.2 Android 程序的基本组件

Android 应用程序通常由一个或多个组件组成，组件是可以被调用的基本功能模块。Android 程序利用组件实现程序内部或程序间调用，以解决代码复用的问题。

Android 程序有 4 大基本组件，分别是 Activity、Service、BroadcastReceiver 和 ContentProvider。并不是每个程序都必须包含这些组件，但一般都由上面的一个或多个组件构成，并且涉及的组件信息必须在 Android Manifest. xml 文件中声明。

4.2.1 活动 Activity

Activity 是 Android 程序中最基本的模块，它是为用户操作而展示的可视化用户界面。一个 Android 应用程序中可以只有一个 Activity，也可以包含多个，每个 Activity 的作用及其数目，取决于应用程序及其设计。Activity 之间通过 Intent 进行通信。

Android 以栈的形式管理 Activity，Activity 的启动有四种模式：

(1) standard 模式：Activity 默认的启动模式，在 standard 模式下，每当启动一个新的 Activity，它就会进入任务栈，并处于栈顶。

(2) SingleTop 模式：启动的 Activity 已经位于栈顶时，直接使用它，不再创建新的实例；启动的 Activity 没有位于栈顶时，创建一个新的实例并置于栈顶。

(3) SingleTask 模式：每次启动该 Activity 时，系统首先会检查栈中是否存在该 Activity 的实例。如果发现已经存在，则直接使用该实例，并将当前 Activity 之上的所有 Activity 出栈；如果没有发现，则创建一个新的实例。

(4) SingleInstance 模式：该模式加载 Activity 时，只会创建一个 Activity 实例，并且会使用一个全新的任务栈来装载该 Activity 实例。

4.2.2 服务 Service

Service 是 Android 系统的服务组件，适用于开发没有用户界面，但是需要长时间在后台运行的功能。由于手机屏幕和硬件资源的限制，通常只允许一个应用程序处于活动状态，呈现用户界面，与用户交互信息，其他的应用程序则全部处于非活动状态。但是在很多实际应用中，即使不显示用户界面，也需要程序的长期运行，比如播放音乐、获取网络数据和进行耗时的运算等。为了满足上述用户需求，Android 系统提供了 Service 组件。

Service 一般由 Activity 组件启动，但是却不依赖于 Activity，Service 拥有自己的生命周期。即使启动它的 Activity 销毁，Service 依然能够继续运行，直到自己的生命周期结束。

Service 与 Activity 一样都存在于当前进程的主线程中，所以，一些耗时操作或阻塞 UI 的操作，比如音乐播放和网络访问等不能放在 Service 里进行，否则可能会引发 ANR 警告，弹出一个是强制关闭还是等待的对话框。如果需要在 Service 里进行耗时或阻塞的操作，则必须另外开启一个线程来完成此项工作。

4.2.3 广播接收器 BroadcastReceiver

BroadcastReceiver 是 Android 系统中用于接收并响应广播消息的组件。大部分的广播消息由系统产生，比如时区改变、电池电量低和语言选项改变等都会产生一个广播，开发者可以监听这些广播并做出程序逻辑的处理。此外，应用程序同样也可以产生并发送广播消息，通知本应用的其他组件某个事件已经发生或某些数据已经运算完毕等，从而实现组件间的通信。

Android 系统中，每个广播消息都携带特定的动作信息，只要在 BroadcastReceiver 中也注册相同的动作信息，该 BroadcastReceiver 就可以接收到携带相同动作的广播消息。这样可以对外部事件进行过滤，只对感兴趣的外部事件进行接收并做出响应。一个 Android 应用程序中可以拥有多个广播接收器，以响应它所有感兴趣的通知信息。

BroadcastReceiver 不包含任何用户界面，但可以通过启动 Activity 或者 Notification 通知用户接收到重要消息。Notification 能够通过多种方法提示用户，包括闪动背景灯、震动设备、发出声音，或者在状态栏上放置一个持久的图标等。

4.2.4 内容提供器 ContentProvider

ContentProvider 是应用程序之间共享数据的一种接口机制，是一种更为高级的数据共享方法，可以指定需要共享的数据，而其他应用程序则可以在不知道数据来源、路径的情况下，对共享数据进行操作。

应用程序可以通过 ContentProvider 访问其他应用程序的私有数据。这些私有数据可以存储在文件或数据库中。提供这些数据的应用程序，需要实现 ContentProvider 提供的一组标准方法。使用这些数据的应用程序，需要通过 ContentResolver 对象来调用标准的方法。

Android 系统提供了一些内置的 ContentProvider，能为用户程序提供一些重要的数据信息，比如短信信息、联系人信息和通话记录信息等。程序设计人员能够利用以上 ContentProvider，方便实现自定义的应用程序功能。程序设计人员也可以根据需要自定义 ContentProvider。

4.3 活动 Activity

4.3.1 Activity 生命周期

Activity 是 Android 应用程序的四大组件之一，它负责管理 Android 应用程序的用户界面。本节以 Activity 组件为例，对其生命周期进行介绍。

一个应用程序一般会包含若干个 Activity，每一个 Activity 组件负责一个用户界面的展现。Android 操作系统跟踪所有运行的 Activity 对象，将这些对象统一放进一个 Activity 栈中，如图 4-3 所示。当一个新的 Activity 启动时，处于栈顶的 Activity 将暂停，而这个新的 Activity 将被放入栈顶；当用户按下返回键的时候，当前 Activity 出栈，而前一个恢复为当前运行的 Activity。栈中保存的其实是对象，其中的 Activity 不会重排，只会进行压入或弹出操作。

一个 Activity 从启动到销毁，会经历多种状态，而且状态之间会进行转化。这些状态主要包括活动状态、非活动状态、暂停状态和停止状态。

随着 Activity 状态的不断变化，Android 系统会调用不同的事件回调函数，开发人员在回调函数中添加代码，就可以在 Activity 状态变化时完成适当的工作。这些回调方法的状态变化如图 4-4 所示。

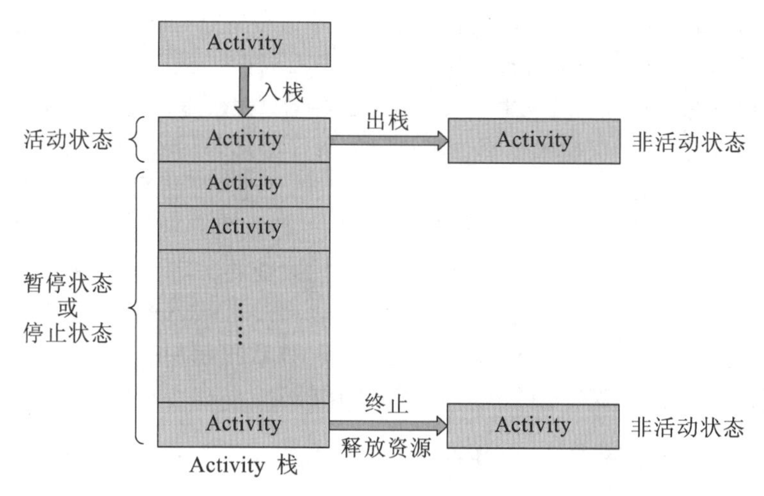

图 4-3　Activity 栈

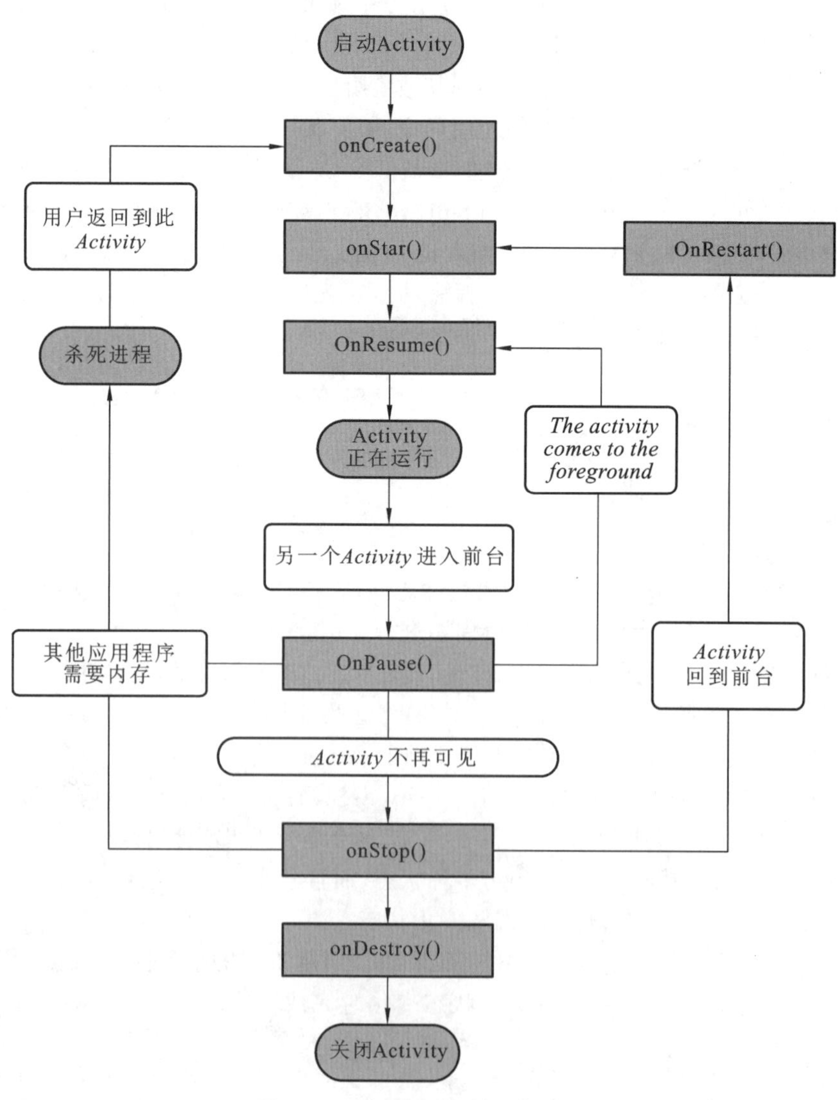

图 4-4　一个 Activity 的生命周期

可见，Activity 生命周期包含了 3 层循环。

(1) 全生命周期：从 onCreate()开始到 onDestroy()结束。

(2) 可视生命周期：从 onStart()开始到 onStop()结束。

(3) 前台生命周期：从 onResume()开始到 onPause()结束。

4.3.2 Activity 的创建

Activity 继承了 ApplicationContext 类，通过调用 setContentView()方法来显示指定组件。该方法既可以接收 View 对象为参数，也可以接收布局文件对应的资源 id 为参数。

在 Android 应用中，可以创建一个或多个 Activity，创建步骤如下：

(1) 在 res/layout 目录中创建一个. xml 文件，用于创建 Activity 的布局；

(2) 定义一个类继承自 android. app. Activity 或者其子类；

(3) 重写 Activity 的 onCreate()方法，并在该方法中使用 setContentView() 加载指定的布局文件；

(4) 在 AndroidManifest. xml 文件中注册 Activity。

其中，第(2)步创建一个 Activity 一般是继承 android. app 包中的 Activity 类，不过在不同的应用场景下，也可以继承 Activity 的子类。

```
import android.app.Activity;
public class DetailActivity extends Activity {
}
```

第(3)步重写需要的回调方法。通常情况下，都需要重写 onCreate()方法，并且在该方法中调用 setContentView()方法设置要显示的视图。

```
@Override
public void onCreate(Bundle savedInstanceState) {
    super.onCreate(savedInstanceState);
    setContentView(R.layout.activity_detail);
}
```

第(4)步配置 Activity。创建 Activity 后，还需要在 AndroidManifest. xml 文件中配置该 Activity，如果没有配置该 Activity，而在程序中又启动了该 Activity，那么将抛出异常信息。

具体的配置方法是在<application></application>标记中添加<activity></activity>标记实现。<activity>标记的基本格式如下：

```
<activity
    android:icon="@drawable/图标文件名"
    android:name="实现类"
    android:label="说明性文字"
    android:theme="要应用的主题"
…
>
…
< /activity>
```

Android 系统自带的常用主题样式如表 4-1 所示。

表 4-1　Android 系统自带的常用主题样式

主题样式	说　明
android:theme="@android:style/Theme.Dialog"	Activity 显示为对话框模式
android:theme="@android:style/Theme.NoTitleBar"	不显示应用程序标题栏
android:theme="@android:style/Theme.NoTitleBar.Fullscreen"	不显示应用程序标题栏，并全屏
android:theme="@android:style/Theme.Light"	背景为白色
android:theme="@android:style/Theme.Light.NoTitleBar"	白色背景并无标题栏
android:theme="@android:style/Theme.Light.NoTitleBar.Fullscreen"	白色背景，无标题栏，并全屏
android:theme="@android:style/Theme.Black"	背景为黑色
android:theme="@android:style/Theme.Black.NoTitleBar"	黑色背景并无标题栏
android:theme="@android:style/Theme.Black.NoTitleBar.Fullscreen"	黑色背景，无标题栏，并全屏
android:theme="@android:style/Theme.Wallpaper"	使用系统桌面作为应用程序背景
android:theme="@android:style/Theme.Wallpaper.NoTitleBar"	使用系统桌面作为应用程序背景，并无标题栏
android:theme="@android:style/Theme.Wallpaper.NoTitleBar.Fullscreen"	使用系统桌面作为应用程序背景，无标题栏，并全屏
android:theme="@android:style/Theme.Translucent"	透明背景
android:theme="@android:style/Theme.Translucent.NoTitleBar"	透明背景并无标题栏
android:theme="@android:style/Theme.Translucent.NoTitleBar.Fullscreen"	透明背景、无标题栏，并全屏
android:theme="@android:style/Theme.Panel"	去掉窗口装饰在一个空的矩形框中填充内容，且位于屏幕中央
android:theme="@android:style/Theme.Light.Panel"	采用亮背景主题，去掉窗口装饰在一个空的矩形框中填充内容，且位于屏幕中央

当手机横竖屏切换时，Activity 会销毁重建。如果不希望在横竖屏切换时 Activity 被销毁重建，可以在 AndroidManifest.xml 文件中设置 Activity 的 android:configChanges 的属性，具体代码如下：

```
android:configChanges="orientation|keyboardHidden|screenSize"
```

如果希望某一个界面一直处于竖屏或者横屏状态，可以在清单文件中通过设置 Activity 的属性来完成，具体代码如下：

```
● 竖屏 android: screenOrientation= "portrait"
● 横屏 android: screenOrientation= "landscape"
```

在 4.2.1 节提到的 Activity 的四种启动模式，可以在不同的场景下设置 AndroidManifest.xml 中<activity>标签的“android:launchMode”属性来指定。

4.3.3 Activity 的状态转变

Activity 在生命周期中有三种状态：

(1) 运行状态：当 Activity 在屏幕的最前端时，它是可见的、有焦点的。

(2) 暂停状态：Activity 对用户来说仍然是可见的，但它不再拥有焦点。

(3) 停止状态：当 Activity 完全不可见时，它就处于停止状态，但仍然保留着当前状态和成员信息。然而，这些对用户来说都是不可见的。

Activity 从一种状态转变到另一种状态时会触发一些事件，执行一些回调方法来通知状态的变化，如图 4-5 所示。

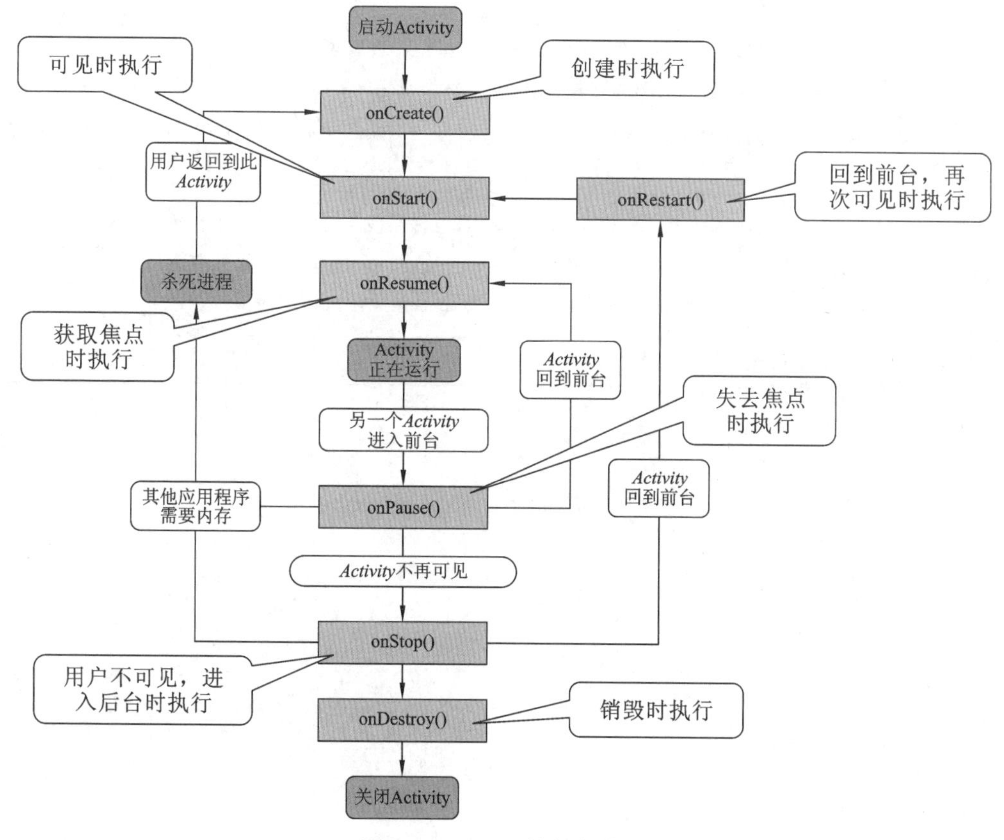

图 4-5 Activity 的状态转变

例如，当我们按 HOME 的时候，Activity 会先后执行 onPause()→onStop()这两个方法，这时候应用程序并没有销毁；当我们再次启动应用程序时，则先后执行 onRestart()→

onStart()→onResume()这 3 个方法；当我们按 BACK 键时，应用程序将结束，这时候将先后调用 onPause()→onStop()→onDestroy()这 3 个方法。

Activity 的事件回调方法的详细说明如表 4-2 所示。

表 4-2 Activity 的事件回调方法

方　法	描　述	下 一 个
onCreate()	在 Activity 第一次启动时调用，用户可以在这个方法中初始化数据、设置静态变量、创建客户视图、绑定控件数据等。这个方法输入的参数捆绑了之前状态的对象。随后总是调用 onStart 方法	onStart()
onRestart()	Activity 已经停止之后会被调用，仅仅发生在之前启动过的 Activity 上。随后总是调用 onStart 方法	onStart()
onStart()	当 Activity 对用户可见时调用，随后有可能执行 2 个方法：如果当前 Activity 展现到前端，用户获取输入焦点，则调用 onResume；如果对其进行隐藏，则调用 onStop 方法	onResume()或 onStop()
onResume()	在 Activity 启动并与用户进行交互时调用，此时 Activity 处于栈的顶部。随后总是调用 onPause 方法	onPause()
onPause()	在用户打算启动其他 Activity 时调用，这个方法典型的工作为：提交未保存的数据，停止动画，以及停止其他一切消耗 CPU 的操作。不管应用是否响应速度快，这些都是必须要做的工作，因为下一个 Activity 将不能恢复，直到这个方法返回为止	onResume()或 onStop()
onStop()	当 Activity 对用户不可见的情况下调用，也许是发生在 Activity 正在销毁或者其他 Activity 恢复将其覆盖的情况。如果 Activity 再次回到前台与用户交互则调用 onRestart，如果关闭 Activity 则调用 onDestroy	onRestart()或 onDestroy()
onDestroy()	在 Activity 销毁前调用	无

第5章

多媒体与传感器

本章详细讲解多媒体与传感器的知识点。这些知识属于 Android 中的高级知识，因此需要初学者在学习本章之前先熟练掌握前面讲解的知识，打好 Android 基础。

5.1 音频播放

5.1.1 多媒体处理包 android. media

Android 系统提供了丰富的 API，可以方便地处理音频和视频等多媒体文件，也可以操纵 Android 终端的录音和摄像设备。这些多媒体处理 API 均位于 android. media 包中。

android. media 包中的主要类如表 5-1 所示。

表 5-1 android. media 包中的主要类

类名或接口名	说 明
MediaPlayer	支持流媒体，用于播放音频和视频
MediaRecorder	用于录制音频和视频
Ringtone	用于播放可用作铃声和提示音的短声音片段
AudioManager	负责控制音量
AudioRecord	用于记录从音频输入设备产生的数据
JetPlayer	用于存储 JET 内容的回放和控制
RingtoneManager	用于访问响铃、通知和其他类型的声音
SoundPool	用于管理和播放应用程序的音频资源

其中，MediaPlayer 类主要用于播放音频和视频。

在游戏开发中，经常需要播放一些游戏音效，比如子弹爆炸、物体撞击等，这些音效的共同特点是短促、密集、延迟短。在这样的场景下，可以使用 SoundPool 代替 MediaPlayer 来播放这些音效。

5.1.2 MediaPlayer 类

1. MediaPlayer 类的常用方法

MediaPlayer 类主要用于播放音频和视频，它的常用方法如表 5-2 所示。

表 5-2 MadiaPlayer 类的常用方法

方 法	说 明
create( )	创建多媒体播放器
getCurrentPosition()	获得当前播放位置
getDuration()	获得播放文件的时长
getVideoHeight()	播放视频高度

续表

方　　法	说　　明
getVideoWidth()	播放视频宽度
isLooping()	判断当前 MediaPlayer 是否正在循环播放
isPlaying()	判断当前 MediaPlayer 是否正在播放
pause()	暂停播放
prepare()	准备播放文件,进行同步处理
prepareAsync()	准备播放文件,进行异步处理
release()	释放与 MediaPlayer 对象相关的资源
reset()	重置 MediaPlayer 对象
seekTo()	指定播放文件的开始位置
setDataSource()	设置多媒体数据来源
setVolume()	设置音量
setOnCompletionListener()	监听播放文件播放完毕
start()	开始播放
stop()	停止播放

2. MediaPlayer 对象的生命周期

MediaPlayer 对象的生命周期是 MediaPlayer 对象从创建、初始化、同步处理、开始播放到播放结束的运行过程。MediaPlayer 对象的生命周期如图 5-1 所示。

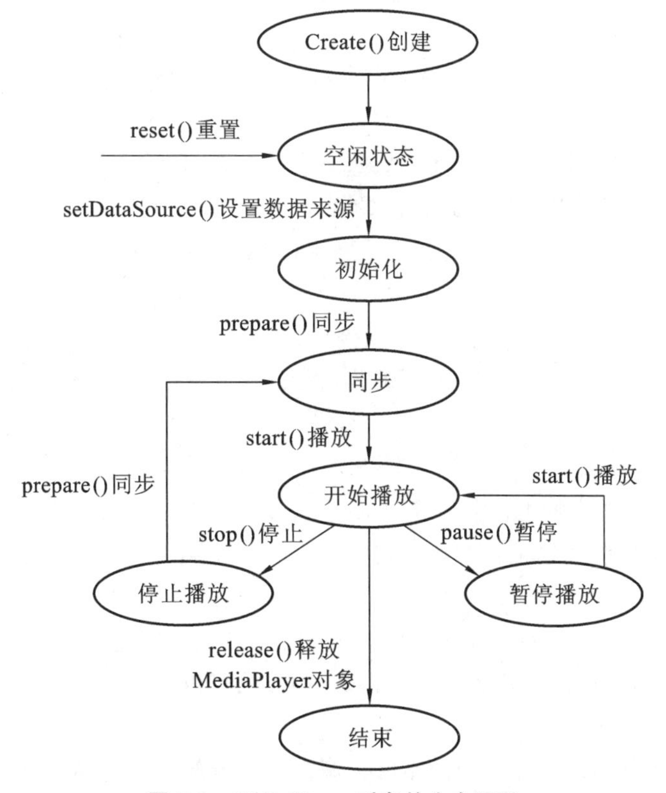

图 5-1　MediaPlayer 对象的生命周期

5.1.3 播放音频文件

MediaPlayer 对多种格式的音频文件提供了非常全面的控制方法，可以使得播放音乐的工作变得十分简单。

MediaPlayer 不仅可以播放资源中的音乐文件，还能播放存放在 SD 卡或网上的音乐文件，这二者之间在设计方法上稍有不同。以下通过示例代码来演示 MediaPlayer 播放音频的完整过程。

1. 播放资源中的音频文件

（1）创建 MediaPlayer 对象：

```
MediaPlayer mplayer= MediaPlayer.create(this, R.raw.test);
```

播放事先存放在资源目录 res/raw 中的音频文件，需要在使用 create( )方法创建 MediaPlayer 对象时，就指定资源路径和文件名称(不要带扩展名)。

（2）播放音频：

```
mplayer.start();
```

start()是真正启动音频文件播放的方法。调用 pause()方法可以暂停播放，调用 stop()方法可以停止播放。

（3）释放资源：

```
mplayer.release();
```

音频文件播放结束应该释放播放器占用的系统资源。

2. 播放存储在 SD 卡或其他文件路径下的音频文件

（1）创建 MediaPlayer 对象：

```
MediaPlayer mplayer=new MediaPlayer();
```

（2）设置数据来源：

```
mplayer.setDataSource("/sdcard/test.mp3");
```

对于存储在 SD 卡或其他文件路径下的媒体文件，需要调用 setDataSource()方法。由于 create( )方法的源代码中已经封装了 setDataSource( )方法，因此不必重复使用 setDataSource()方法。

如果播放的是网络上的音频文件，则示例代码如下：

```
mplayer.setDataSource("http://www.citynorth.cn/music/confucius.mp3");
```

（3）同步控制：

```
mplayer.prepare();
```

由于 create()方法的源代码中已经封装了 prepare()方法，因此当 MediaPlayer 对象是由 create()方法创建时，可省略此步骤。

（4）播放音频：

```
mplayer.start();
```

调用 pause()方法可以暂停播放，调用 stop()方法可以停止播放。

（5）释放资源：

调用 release()释放播放器占用的系统资源。如要重新播放音频文件，需要调用 reset()方法返回到空闲状态，再从第(2)步开始重复其他各步骤。

例 5-1 设计一个音乐播放器，分别播放存放在项目资源中的音乐文件和 SD 卡中的音频文件，如图 5-2 所示。

图 5-2 音乐播放器

程序设计步骤如下：

(1) 将音频文件 mtest1.mp3 复制到新建项目的“res/raw”目录下(见图 5-2)；

音频播放例题第(2)步（放SD卡）

(2) 将音频文件 mtest2.mp3 复制到模拟器的 SD 卡中，如图 5-3 所示；

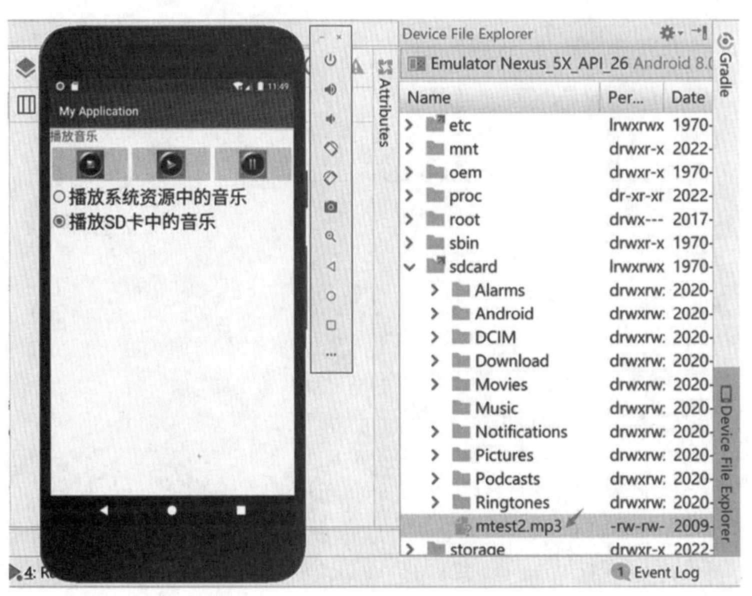

图 5-3 将音频文件放入 SD 卡中

(3) 在配置文件 AndroidManifest.xml 中增加允许操作 SD 卡的语句；

```
<uses-permission android:name="android.permission.READ_EXTERNAL_STORAGE"/>
```

音频播放例题第(4)步

(4) 编写代码。

MainActivity.java 代码如下：

```
    public class MainActivity extends AppCompatActivity {
        RadioButton r1,r2;
        ImageButton mStopButton, mStartButton, mPauseButton;
        MediaPlayer mMediaPlayer;
        @Override
        protected void onCreate(Bundle savedInstanceState) {
            super.onCreate(savedInstanceState);
            setContentView(R.layout.activity_main);
            mMediaPlayer =new MediaPlayer();
            r1=(RadioButton)findViewById(R.id.radioButton);
            r2=(RadioButton)findViewById(R.id.radioButton2);
            mStopButton=(ImageButton)findViewById(R.id.Stop);
            mStartButton=(ImageButton)findViewById(R.id.Start);
            mPauseButton=(ImageButton)findViewById(R.id.Pause);
            mStopButton.setOnClickListener(new mStopClick());
            mStartButton.setOnClickListener(new mStartClick());
            mPauseButton.setOnClickListener(new mPauseClick());
        }
        /* 播放按钮事件*/
        class mStartClick implements OnClickListener{
            @Override
            public void onClick(View v) {
                if(r1.isChecked()){
                    try {
                         mMediaPlayer =MediaPlayer.create(MainActivity.this, R.
raw.mtest1);
                        mMediaPlayer.start();
                    } catch (Exception e) {Log.i("ch1", "res err ....");}
                }
                if(r2.isChecked()){
                    try{
                        mMediaPlayer =new MediaPlayer();
    mMediaPlayer.setDataSource("/sdcard/mtest2.mp3");
                        /* 准备播放*/
                        mMediaPlayer.prepare();
                        /* 开始播放*/
                        mMediaPlayer.start();
                    } catch (Exception e){ Log.i("ch2", "sdcard err .... "); }
                }
            }
        }
    /* 停止按钮事件*/
```

```
    class mStopClick implements OnClickListener{
        @Override
        public void onClick(View v){
            /* 是否正在播放 * /
            if (mMediaPlayer.isPlaying()){
                //重置 MediaPlayer 到初始状态
                mMediaPlayer.reset();
                mMediaPlayer.release();
            }
        }
    }
/* 暂停按钮事件* /
class mPauseClick implements OnClickListener{
        @Override
        public void onClick(View v){
            if (mMediaPlayer.isPlaying()){
                /*  暂停 * /
                mMediaPlayer.pause();
            }
            else{
                /* 开始播放 * /
                mMediaPlayer.start();
            }
        }
    }
}
```

5.2 视频播放

5.2.1 MediaPlayer 和 SurfaceView

媒体播放器 MediaPlayer 不仅可以播放音频文件，还可以播放视频文件。只不过它在播放时没有图像输出，用于视频播放的播放承载体必须是实现了表面视图处理接口(surfaceHolder)的视图组件，即需要使用 SurfaceView 组件来显示播放的视频图像。

SurfaceView 组件继承自 View，是用于显示图像的组件。SurfaceView 最大的特点就是它的双缓冲技术，所谓的双缓冲技术就是在它内部有两个线程，例如线程 A 和线程 B。当线程 A 更新界面时线程 B 进行后台计算操作，当两个线程都完成各自的任务时它们会互相交换。线程 A 进行后台计算，线程 B 进行界面更新，两个线程就这样无限循环交替更新和计算，如图 5-4 所示。

在 Android 系统中，还可以使用视频视图 VideoView 组件播放视频。与 VideoView 相比，MediaPlayer 和 SurfaceView 结合这种方式更易于扩展。

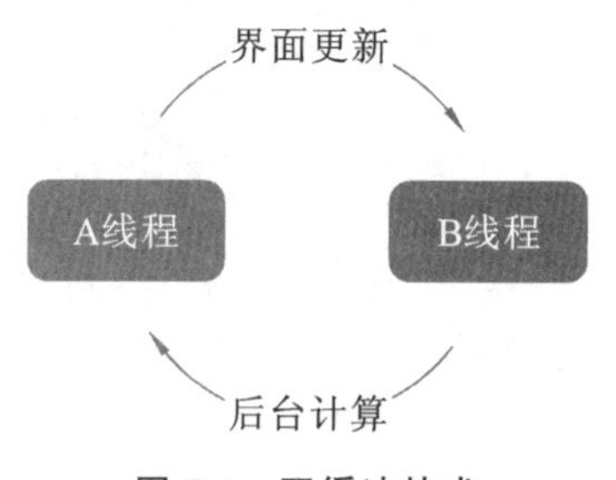

图 5-4　双缓冲技术

例 5-2　应用媒体播放器 MediaPlayer 设计一个视频播放器，如图 5-5 所示。

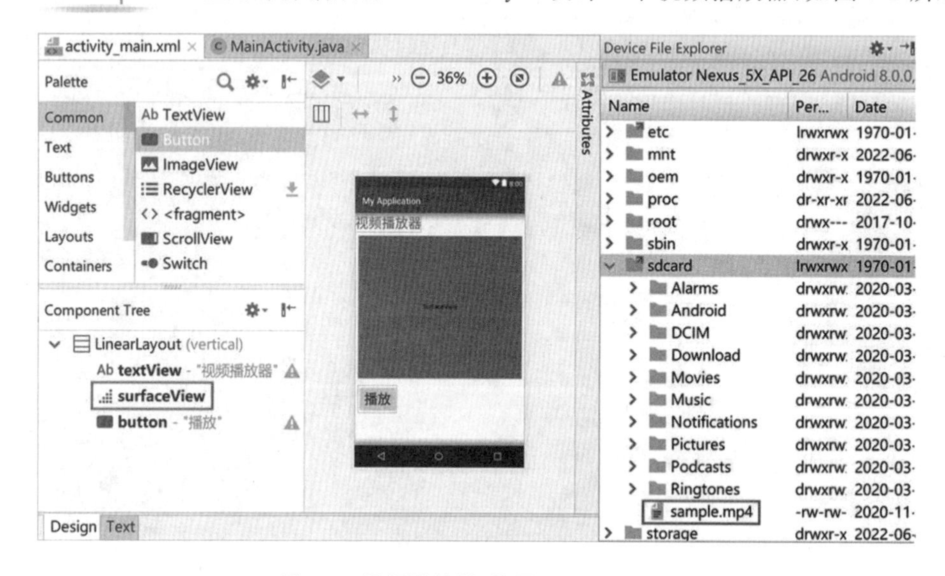

图 5-5　视频播放器（使用 MediaPlayer）

程序设计步骤如下：

(1) 将视频文件 sample. mp4 复制到模拟器的 SD 卡目录下；

(2) 在配置文件 AndroidManifest. xml 中增加允许操作 SD 卡的语句；

(3) 编写代码。

MainActivity. java 代码如下：

```
14 public class MainActivity extends AppCompatActivity
15 {
16        MediaPlayer mMediaPlayer;
17        SurfaceView mSurfaceView;
18        Button playBtn;
19        String path;
20        SurfaceHolder sh;
21
22 @Override
23 public void onCreate(Bundle savedInstanceState)
24 {
```

```
25        super.onCreate(savedInstanceState);
26        setContentView(R.layout.activity_main);
27        mSurfaceView=(SurfaceView)findViewById(R.id.surfaceView1);
28        playBtn=(Button)findViewById(R.id.play1);
29        path="/sdcard/sample.mp4";
30         mMediaPlayer=new MediaPlayer();
31         playBtn.setOnClickListener(new mClick());
32   }
33
34   class mClick implements OnClickListener
35   {
36        @Override
37        public void onClick(View v)
38         {
39         try {
40                   mMediaPlayer.reset();
41                   //为播放器对象设置用于显示视频内容、代表屏幕描绘的控制器
42                   mMediaPlayer.setAudioStreamType(AudioManager.STREAM_MUSIC);
43                   mMediaPlayer.setDataSource(path);//设置数据源
44                   sh=mSurfaceView.getHolder();
45                   mMediaPlayer.setDisplay(sh);
46                   mMediaPlayer.prepare();
47                   mMediaPlayer.start();
48          }catch (Exception e){ Log.i("MediaPlay err", "MediaPlay err");}
49        }
50    }
51 }
```

VideoView
效果示例

5.2.2 视频显示类 VideoView

VideoView 组件在 android.widget 包中,它可以从不同的来源(例如资源文件或内容提供器)读取图像,计算和维护视频的画面尺寸以使其适用于任何布局管理器,并提供一些诸如缩放、着色之类的显示选项。

VideoView 将视频的显示和控制集于一身,在 Android 中使用它播放视频最简单。VideoView 类的常用方法如表 5-3 所示。

表 5-3 视频显示类 VideoView 的常用方法

方　　法	说　　明
VideoView(Context context)	创建一个默认属性的 VideoView 实例
boolean canPause()	判断是否能够暂停播放视频
int getBufferPercentage()	获得缓冲区的百分比
int getCurrentPosition()	获得当前的位置

续表

方　　法	说　　明
int getDuration()	获得所播放视频的总时间
boolean isPlaying()	判断是否正在播放视频
boolean onTouchEvent (MotionEvent ev)	实现该方法来处理触屏事件
seekTo (int msec)	设置开始播放位置
setMediaController(MediaController controller)	设置媒体控制器
setOnCompletionListener(MediaPlayer. OnCompletionListener l)	注册在媒体文件播放完毕时调用的回调函数
setOnPreparedListener(MediaPlayer. OnPreparedListener l)	注册在媒体文件加载完毕，可以播放时调用的回调函数
setVideoPath(String path)	设置要播放的视频文件的路径
setVideoURI(Uri uri)	设置视频文件的统一资源标识符
start()	开始播放视频文件
stopPlayback()	停止回放视频文件
pause()	暂停播放视频
resume()	将视频重头开始播放

应用 VideoView 组件设计一个视频播放器，如图 5-6 所示。MainActivity. java 代码如下：

```
9  public class MainActivity extends AppCompatActivity
10 {
11     private VideoView mVideoView;
12     private Button playBtn;
13     MediaController mMediaController;//媒体控制器
14     @Override
15     public void onCreate(Bundle savedInstanceState)
16     {
17         super.onCreate(savedInstanceState);
18         setContentView(R.layout.activity_main);
19         //关联布局中的 VideoView
20         mVideoView=(VideoView)findViewById(R.id.video);
21         mMediaController=new MediaController(this);
22         playBtn=(Button)findViewById(R.id.playButton);
23         playBtn.setOnClickListener(new mClick());
24     }
25    class mClick implements OnClickListener
26    {
27        @Override
```

```
28          public void onClick(View v)
29          {
30              String path="/sdcard/test.mp4";
31              mVideoView.setVideoPath(path);
32              mMediaController.setMediaPlayer(mVideoView);
33              mVideoView.setMediaController(mMediaController);
34              mVideoView.start();
35          }
36      }
37  }
```

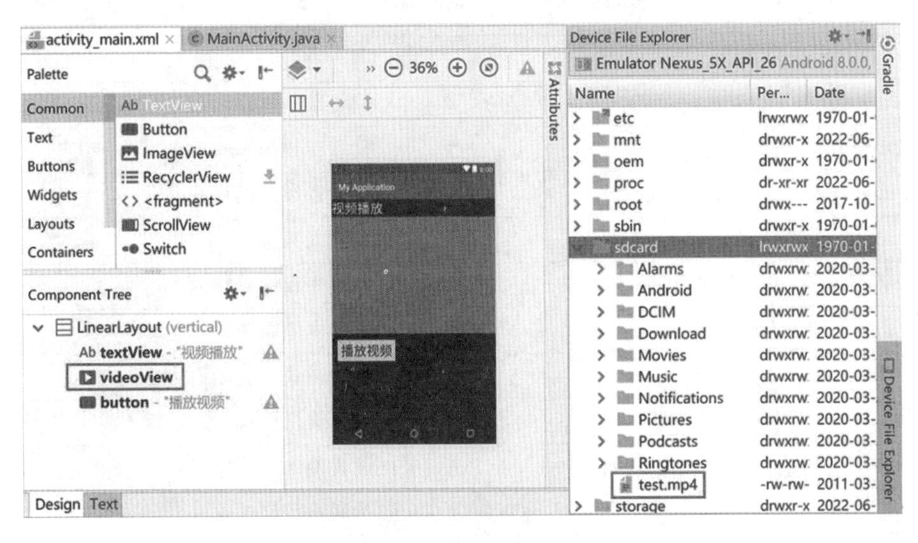

图5-6　视频播放器(使用VideoView)

其中,第32行和第33行是对媒体控制器进行设置。媒体控制器是浮动的,程序运行效果如图5-7所示。

图5-7　程序运行效果

5.3 录音与拍照

5.3.1 录音

1. MediaRecorder 类

应用 android.media 包中的 MediaRecorder 类可以录制音频和视频。MediaRecorder 类的常用方法如表 5-4 所示。

表 5-4 MediaRecorder 类的常用方法

方法	说明
MediaRecorder()	创建录制媒体对象
setAudioSource(int audio_source)	设置音频源
setAudioEncoder(int audio_encoder)	设置音频编码格式
setVideoSource(int video_source)	设置视频源
setVideoEncoder(int video_encoder)	设置视频编码格式
setVideoFrameRate(int rate)	设置视频帧速率
setVideoSize(int width, int height)	设置视频录制画面大小
setOutputFormat(int output_format)	设置输出格式
setOutputFile(path)	设置输出文件路径
prepare()	录制准备
start()	开始录制
stop()	停止录制
reset()	重置
release()	释放播放器有关资源

2. 实现录音

应用 MediaRecorder 进行音频录制，其主要步骤如下：

(1) 创建录音对象：

```
MediaRecorder mRecorder=new MediaRecorder();
```

(2) 设置录音对象：

- 设置音频源：

```
mRecorder.setAudioSource(MediaRecorder.AudioSource.MIC);
```

- 设置输出格式：

```
mRecorder.setOutputFormat(MediaRecorder.OutputFormat.THREE_GPP);
```

- 设置编码格式：

```
mRecorder.setAudioEncoder(MediaRecorder.AudioEncoder.AMR_NB);
```

- 设置输出文件路径：

```
mRecorder.setOutputFile(path);
```

(3) 准备录制:

```
mRecorder.prepare();
```

(4) 开始录制:

```
mRecorder.start();
```

(5) 结束录制:

● 停止录制:

```
mRecorder.stop();
```

● 重置:

```
mRecorder.reset();
```

● 释放录音占用的有关资源:

```
mRecorder.release();
```

录音功能要在真实手机上才能实现,录制的音频可以存放到 SD 卡中。因此,在配置文件 AndroidManifest. xml 中要增加相应权限的语句:

● 音频捕获权限:

```
<uses-permission android:name="android.permission.RECORD_AUDIO"/>
```

● SD 卡的写操作权限:

```
<uses-permission android:name="android.permission.WRITE_EXTERNAL_
STORAGE"/>
```

◆ 5.3.2 拍照

1. Camera 类

使用 android. hardware 包中的 Camera 类可以获取当前设备中的照相机服务接口,从而实现照相机的拍照功能。Camera 类在 Android 5.0 以后废弃(但依然可用),改用功能更强大的 Camera2,Camera2 的复杂度远远超过 Camera。

Camera 类的常用方法如表 5-5 所示。

表 5-5 Camera 类的常用方法

方　　法	说　　明
open()	创建一个照相机对象
getParameters()	创建设置照相机参数的 Camera. Parameters 对象
setParameters(Camera. Parameters params)	设置照相机参数
setPreviewDisplay(SurfaceHolder holder)	设置取景预览
startPreview()	启动照片取景预览
stopPreview()	停止照片取景预览
release()	断开与照相机设备的连接,并释放资源
takePicture (Camera. ShutterCallback shutter, Camera. PictureCallback raw, Camera. PictureCallback jpeg)	进行照片拍摄

照相机取景时，需要应用 SurfaceView 组件来显示摄像头所能拍摄的景物，再使用回调接口 SurfaceHolder.Callback 监控取景视图。Callback 接口有 3 个方法需要实现：

- surfaceCreated(SurfaceHolder holder)方法，用于初始化；
- surfaceChanged(SurfaceHolder holder, int format, int width,int height)方法，当景物发生变化时触发；
- surfaceDestroyed(SurfaceHolder holder)方法，释放对象时触发。

takePicture()方法用来拍照，它有 3 个参数：

- 第 1 个参数 shutter 是关闭快门事件的回调接口；
- 第 2 个参数 raw 是获取照片事件的回调接口；
- 第 3 个参数 jpeg 也是获取照片事件的回调接口。

其中，第 2 个参数与第 3 个参数的区别在于回调函数中传回的数据内容。第 2 个参数指定的回调函数中传回的数据内容是照片的原数据，而第 3 个参数指定的回调函数中传回的数据内容是已经按照 JPEG 格式进行编码的数据。

2. 实现拍照

实现拍照服务的主要步骤如下：

(1) 创建照相机对象：

```
Camera camera=Camera.open();
```

通过 Camera 类的 open()方法创建一个照相机对象。

(2) 设置参数：

```
Parameters=mCamera.getParameters();
```

创建设置照相机参数的 Parameters 对象，并设置相关参数。

(3) 对照片预览：

通过照相机对象的 startPreview()方法和 stopPreview()方法启动或停止对照片的预览。

(4) 照片拍摄：

使用照相机接口的 takePicture()方法可以异步地进行照片拍摄。

通过照片事件的回调接口 PictureCallback，可以获取照相机所得到的图片数据，从而可以进行下一步的行动，例如保存到本地存储、进行数据压缩、通过可视组件显示。

(5) 停止照相：

```
camera.release();
camera=null;
```

通过照相机对象的 release()方法可以断开与照相机设备的连接，并释放与该照相机接口有关的资源。

拍照功能要在真实手机上才能实现，拍摄的照片可以存放到 SD 卡中。因此，在配置文件 AndroidManifest.xml 中要增加允许操作 SD 卡和使用摄像头设备的语句：

```
<uses-permission android:name="android.permission.CAMERA"/>
<uses-permission
android:name="android.permission.WRITE_EXTERNAL_STORAGE"/>
<uses-feature android:name="android.hardware.camera"/>
<uses-feature android:name="android.hardware.camera.autofocus"/>
```

5.4 传感器检测

5.4.1 Sensor 类

传感器是一种检测装置，它能检测和感受到外界的信号，并将信息变换成为电信号或其他所需形式的信息输出，以满足信息的传输、处理、存储、显示、记录和控制等要求。

1. 传感器的类型

Android 手机通常都会支持多种类型的传感器，如光照传感器、加速度传感器、地磁传感器、压力传感器、温度传感器等。Android 系统负责将这些传感器所输出的信息传递给开发者，开发者可以利用这些信息开发很多应用。例如，市场上的赛车游戏使用的就是重力传感器，微信的“摇一摇”使用的是加速度传感器，手机指南针使用的是地磁传感器。

Android 系统用类 android. hardware. Sensor 代表传感器，该类将不同的传感器封装成了常量，具体如表 5-6 所示。

表 5-6 Android 的传感器类型

传感器类型常量	内部整数值	说　　明
Sensor. TYPE_ACCELEROMETER	1	加速度传感器
Sensor. TYPE_MAGNETIC_FIELD	2	磁力传感器
Sensor. TYPE_ORIENTATION	3	方向传感器(废弃，但依然可用)
Sensor. TYPE_GYROSCOPE	4	陀螺仪传感器
Sensor. TYPE_LIGHT	5	环境光照传感器
Sensor. TYPE_PRESSURE	6	压力传感器
Sensor. TYPE_TEMPERATURE	7	温度传感器(废弃，但依然可用)
Sensor. TYPE_PROXIMITY	8	距离传感器
Sensor. TYPE_GRAVITY	9	重力传感器
Sensor. TYPE_LINEAR_ACCELERATION	10	线性加速度
Sensor. TYPE_ROTATION_VECTOR	11	旋转矢量
Sensor. TYPE_RELATIVE_HUMIDITY	12	湿度传感器

续表

传感器类型常量	内部整数值	说　明
Sensor. TYPE_AMBIENT_TEMPERATURE	13	温度传感器（Android 4.0 之后替代 TYPE_TEMPERATURE）
Sensor. TYPE_ALL		所有类型的传感器

2. 与传感器相关的类

除 Sensor 类外，要使用传感器，还需要用到传感器管理类 SensorManager 和传感器事件监听接口 SensorEventListener。

1）传感器管理类 SensorMannager

Android 中的所有传感器都需要通过 SensorManager 对象来访问，SensorManager 没有构造方法，需要调用 getSystemService(SENSOR_SERVICE)方法创建传感器管理对象。

2）实现 SensorEventListener 接口

传感器事件监听接口 SensorEventListener 有 2 个方法必须实现：

- onAccuracyChanged(Sensor sensor, int accuracy)，传感器的精度变化的时候，调用此方法；
- onSensorChanged(SensorEvent event)，传感器的值改变的时候，调用此方法。

示例代码如下：

```
class Lit implements SensorEventListener {
    public void onAccuracyChanged(Sensor s,int a) {
    //自定义代码，可以为空
        }
    public void onSensorChanged(SensorEvent event) {
    //自定义代码
        }
}
```

3. 传感器的使用

使用传感器的步骤如下。

（1）获取传感器的管理类对象：

```
SensorManager sm=(SensorManager) getSystemService(SENSOR_SERVICE);
```

（2）获取具体类型的传感器对象：

```
Sensor sensor=sm.getDefaultSensor(Sensor.TYPE_GRAVITY);
```

（3）为传感器注册监听事件：

```
listerner=new Lit();
sm.registerListener(listerner,sensor,SensorManager.SENSOR_DELAY_NORMAL);
```

（4）注销监听器：

```
sm.unregisterListener(listener);
```

由于模拟器不支持传感器，因此需要在真实手机上运行程序。

此外，传感器比较消耗资源，建议在 Activity 的 onCreate()方法中获取传感器的管理类对象；在 onResume()方法中获取具体类型的传感器对象，并注册监听器；在 onPause()方法中注销监听器。

5.4.2 加速度传感器

加速度传感器是检测物体的加速度的传感器。物体在运动时其加速度也跟着变化，如果能获取到加速度的值，就可以知道物体受到什么样的作用力或物体进行什么样的运动。

通过 Android 的加速度传感器可以从 x、y、z 三个方向轴获取加速度。x、y、z 三个方向轴的定义为：

- x 轴的方向是沿着手机屏幕从左向右的方向；
- y 轴的方向是从手机屏幕的底端开始沿着屏幕的上下方向指向屏幕的顶端；
- z 轴的方向是从手机里指向外的前后方向。

加速度传感器的方向轴如图 5-8 所示。

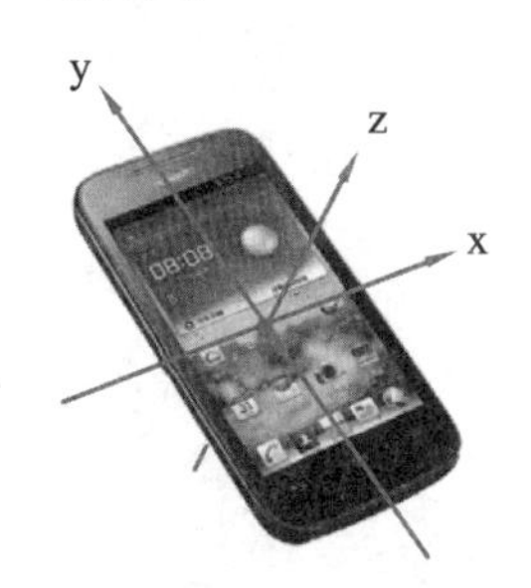

图 5-8 加速度传感器的方向轴

通过 SensorEventListener 接口的 onSensorChanged(SensorEvent event)可以获取 x、y、z 三个方向轴重力加速度的值，示例代码如下：

```
64    public void onSensorChanged(SensorEvent event)
65    {
66        int sensorType=event.sensor.getType();
67        float[] values=event.values;
68        if(sensorType==Sensor.TYPE_ACCELEROMETER )
69      {
70          /* 由于正常情况下，任意轴数值一般在 9.8~10 之间，
71           * 当突然摇动手机的时候，瞬时加速度突然增大或减少，
72           * 所以，只需监听任一轴的加速度是否大于 14
73           * /
74          if((Math.abs(values[0])>14||Math.abs(values[1])>14
75                                  ||Math.abs(values[2])>14))
76          { //自定义代码
77          }
78      }
79  }
```

在第 74 和 75 行中，values[0]表示 x 轴，values[1]表示 y 轴，values[2]表示 z 轴。假设

x轴、y轴、z轴三个方向的重力分量的值分别为x、y、z，则：

```
float x=event.values[0];
float y=event.values[1];
float z=event.values[2];
```

第6章

组件通信与系统服务

在实际的APP软件中，几乎每个应用都涉及页面跳转的操作，这些跳转都是借助于Android的Intent组件实现的。

Intent组件是一种消息传递机制，用于Android和核心组件（Activity、Service和BroadcastReceiver）的通信和数据交换。

6.1 组件通信

◆ 6.1.1 意图 Intent

Intent的中文意思是“意图，意向”，可以理解为，应用程序要启动另一个组件就需要用到Intent。Intent是Android程序中各个组件进行交互的一种重要方式，它不仅可以指定当前组件要执行的动作，还可以在不同组件之间进行数据传递。

Intent一般用于启动Activity、启动服务和发送广播等，承担了Android应用程序三大核心组件相互间的通信功能，如图6-1所示。对于这三大核心组件，Android系统提供了不同的Intent发送机制进行激活。

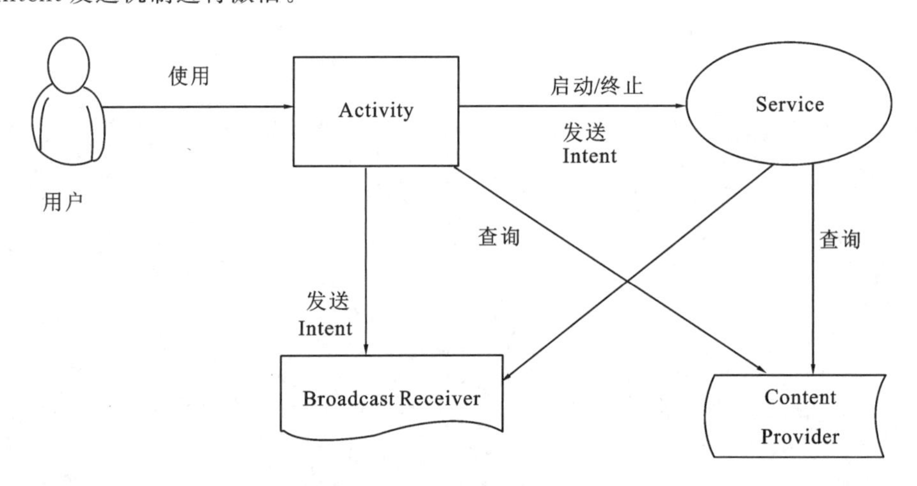

图6-1 Intent通信

1. 启动 Activity

Intent对象可以传递给Context.startActivity()或Activity.startActivityForResult()方法来启动Activity或者让已经存在的Activity去做其他任务。Intent对象也可以作为Activity.setResult()方法的参数，将信息返回给调用startActivityForResult()方法的Activity。

2. 启动服务

Intent对象可以传递给Context.startService()方法来初始化Service或者发送新指令到正在运行的Service。类似的，Intent对象可以传递Context.bindService()方法来建立调用组件和目标Service之间的链接。它可以有选择性地初始化没有运行的服务。

3. 发送广播

Intent对象可以传递给Context.sendBroadcast()、Context.sendOrderedBroadcast()或Context.sendStickyBroadcast()等广播方法，使其被发送给所有感兴趣的BroadcastReceiver。

本节以启动 Activity 为例进行介绍。根据 Activity 的启动方式,Intent 支持显式启动和隐式启动。

1. 显式启动

这种方式会在参数中明确指定需要启动的组件,代码形式如下:

```
Intent intent=new Intent(MainActivity.this, Main2Activity.class);
                                         //定义一个 Intent
startActivity(intent);                   //启动 Activity
```

startActivity(intent)方法也可以改成 startActivityForResult(Intent intent,int code)方法。显式意图还可以根据目标组件的包名、全路径名来指定开启组件,示例代码如下:

```
Intent intent=new Intent();
intent.setClassName("cn.itcast.xxx","cn.itcast.xxx.xxxx");
startActivity(intent);
```

2. 隐式启动

这种方式不会明确指定需要启动的组件,而是由 Android 系统根据 Intent 的动作(action)、类别(category)和数据(data)等内容对目标组件进行匹配和筛选,如图 6-2 所示。

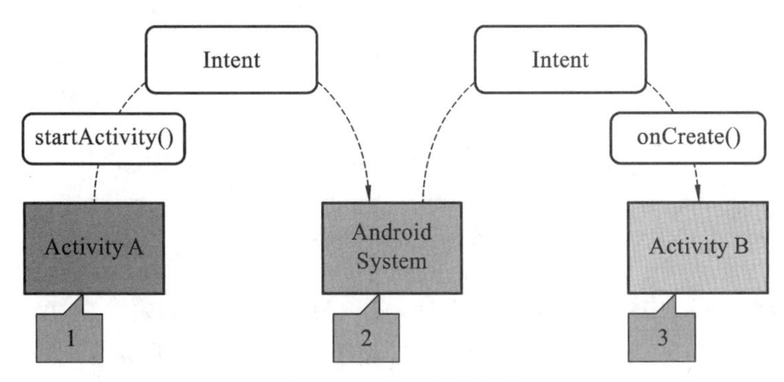

图 6-2 Intent 隐式启动

隐式启动的示例代码如下:

```
Intent intent=new Intent();
intent.setAction(Intent.ACTION_VIEW);
intent.setData(Uri.parse("content://com.android.contacts/contacts "));
startActivity(intent);
```

也可以写成如下形式:

```
Intent intent=new Intent(Intent.ACTION_VIEW,
Uri.parse("content://com.android.contacts/contacts"));
startActivity(intent);
```

当隐式启动组件时,Android 系统需要依赖 Intent 过滤器(Intent filters)来寻找目标组件。Intent 过滤器依附于 Android 组件上,它的定义形式(在 AndroidManifest 文件中)如下:

```
<activity android:name="com.itcast.intent.Activity02">
<intent-filter>
<action android:name="cn.itscast.xxx"/>
<category android:name="android.intent.category.DEFAULT"/>
</intent-filter>
</activity>
```

其中，＜action＞标签指明了当前 Activity 可以响应的动作为"cn. itscast. xxx"，而＜category＞标签则包含了一些类别信息，只有当＜action＞和＜category＞中的内容同时匹配时，Activity 才会被开启。

显式启动代码简单，易于理解。隐式启动稍显复杂，但不必与具体组件耦合，提高了 Android 组件的可复用性。当两种启动方式同时存在时，隐式启动会被忽略。

页面跳转代码示例

6.1.2 页面跳转

在一个 Activity 页面中启动另一个 Activity 页面的运行，是最简单的 Activity 页面跳转方式，如图 6-3 所示。

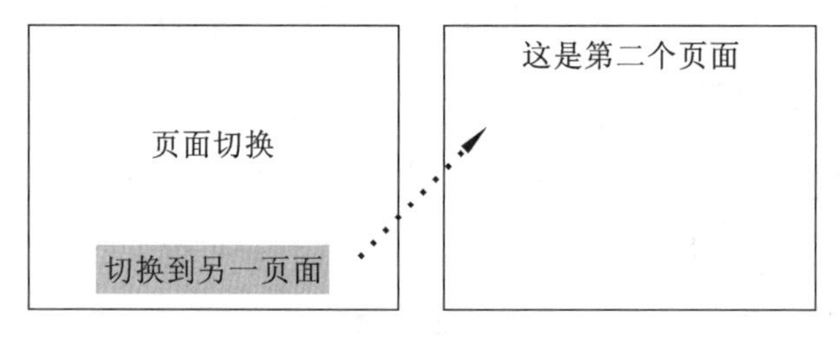

图 6-3 页面跳转

在 Android Studio 中可以使用系统导航，在项目中自动生成第 2 个 Activity 的界面布局文件和控制文件，并自动在配置文件中注册，如图 6-4 和图 6-5 所示。

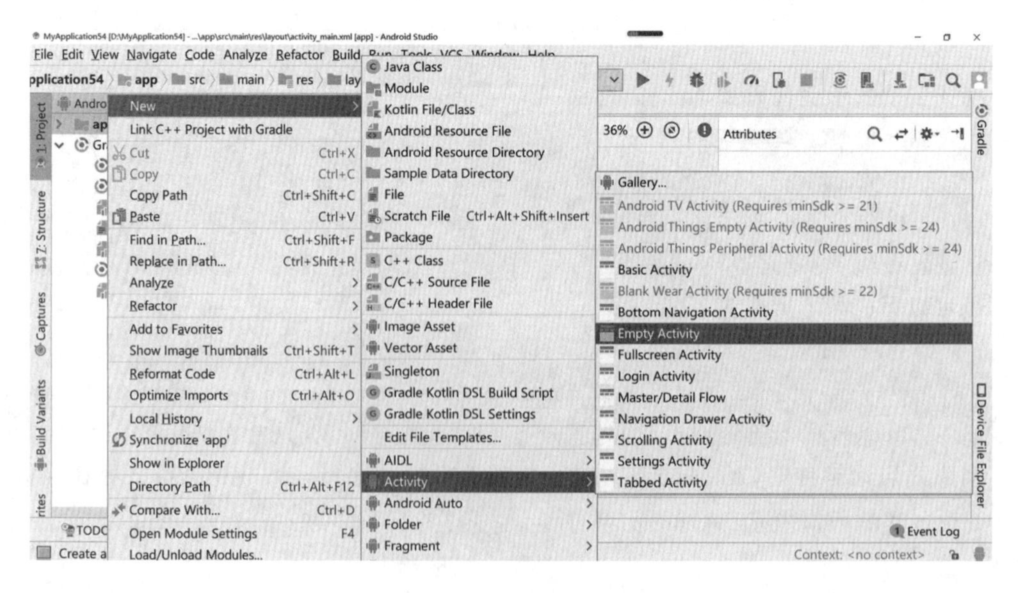

图 6-4 自动生成新页面

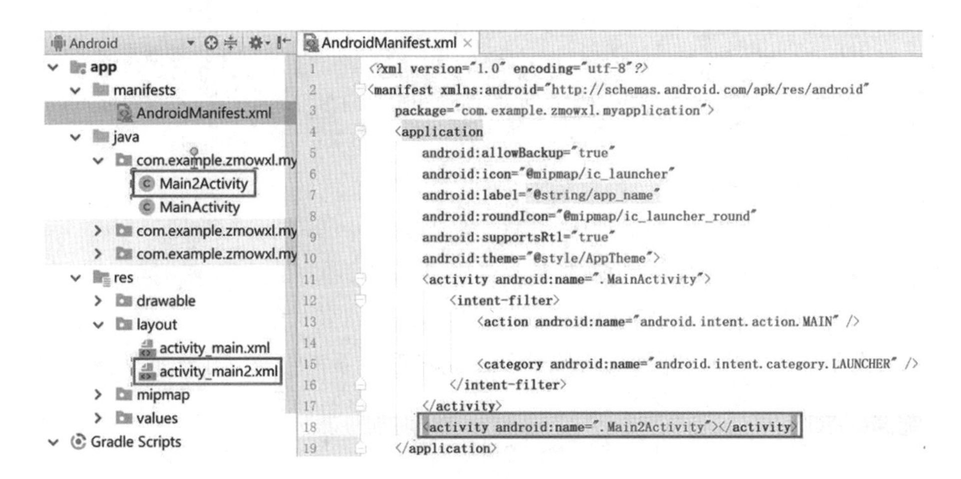

图 6-5　生成新页面后的项目结构和配置文件

在第 1 个 Activty 中启动跳转，核心代码如下：

```
Intent intent=new Intent(MainActivity.this, Main2Activity.class);
startActivity(intent);
```

通过 startActivity 方法启动其他界面以后，两个 Activity 之间便失去了联系。但是，在一些情况下，启动的 Activity(父 Activity)希望能够获得被启动 Activity(子 Activity)的返回结果。具体的实施步骤如下：

(1) 父 Activity 通过 startActivityForResult()方法启动 Intent 对象；

(2) 子 Activity 通过 setResult()方法设置返回结果；

(3) 父 Activity 通过 onActivityResult()方法获取子 Activity 返回的结果，并进行处理。

6.1.3　数据传递

Intent 不仅可以用来开启 Activity，也可以在 Activity 之间传递数据。在数据传递时，可以使用 putExtra()方法将数据存储在 Intent 中，如图 6-6 所示。

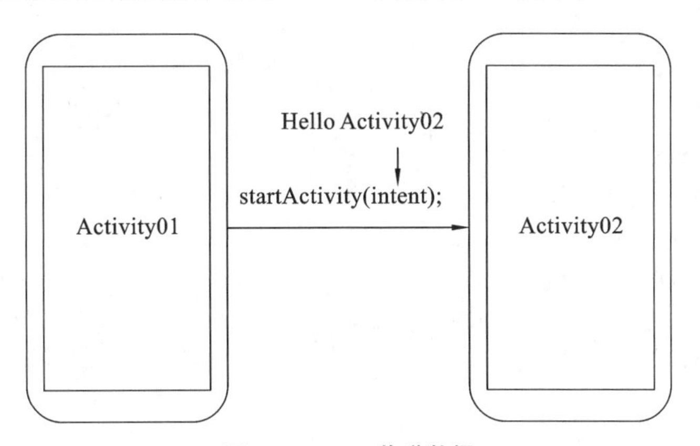

图 6-6　Intent 传递数据

Activity01 发送数据，核心代码如下：

```
String data="Hello Activity02";
Intent intent=new Intent(Activity01.this,Activity02.class);
intent.putExtra("extra_data",data);
startActivity(intent);
```

Activity02 将数据取出，核心代码如下：

```
Intent intent=getIntent();
String data=intent.getStringExtra("extra_data");
```

Intent 不仅可以传递基本类型数据，还可以传递 Bundle 对象。

Bundle 类是一个将字符串与某组件对象建立映射关系的组件，用于保存要携带的数据包，也可以将 Bundle 理解为一个 key-value(键-值)对的组合。我们可以根据其中的 key 来获取具体的内容(value)。Bundle 类的常用方法如下：

putString(String key, String value)：把字符串用“键-值”形式存放到 Bundle 对象中。

remove(String key)：移除指定 key 的值。

getString(String key)：获取指定 key 的字符。

Bundle 组件与 Intent 配合使用，可在不同的 Activity 之间传递数据，如图 6-7 所示。

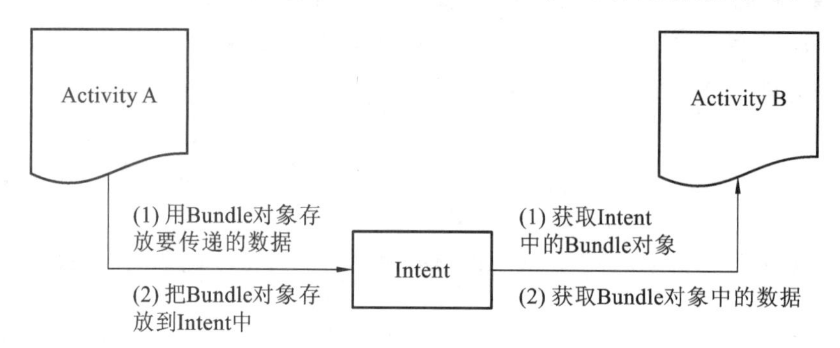

图 6-7　传递 Bundle 对象

Activity A 发送数据，核心代码示例如下：

```
Bundle bundle=new Bundle();
bundle.putString("extra_data ", " Hello Activity02");
Intent intent=new Intent(ActivityA.this,ActivityB.class);
intent.putExtras(bundle);
startActivity(intent);
```

Activity B 取出数据，核心代码示例如下：

```
Intent intent=getIntent();
Bundle bundle=intent.getExtras();
String stuName=bundle.getString("extra_data ");
```

6.2 后台服务 Service

6.2.1 服务的创建

Service 是 Android 中的四大组件之一，它类似于 Activity 的组件，但 Service 没有用户操作界面，也不能自己启动，其主要作用是提供后台服务调用。Service 不像 Activity 那样，当用户关闭应用界面就停止运行，Service 会一直在后台运行，除非另有明确命令其停止。

通常使用 Service 为应用程序提供一些只需在后台运行的服务，或不需要界面的功能，例如，从 Internet 下载文件、控制 Video 播放器等。

服务的创建方式与创建 Activity 类似，只需要继承 Service 类，然后在配置文件中注册即可。

1. 创建服务

```
public class MyService extendsService {
      public IBinderonBind(Intent arg0) {
         return null;
    }
}
```

2. 在配置文件中注册

```
<application
            ............>
<service android:name="cn.itcast.servicetest.MyService"/>
</application>
```

在 Android Studio 中可以使用系统导航，在项目中自动生成 Service 并自动在配置文件中注册，如图 6-8 和图 6-9 所示。

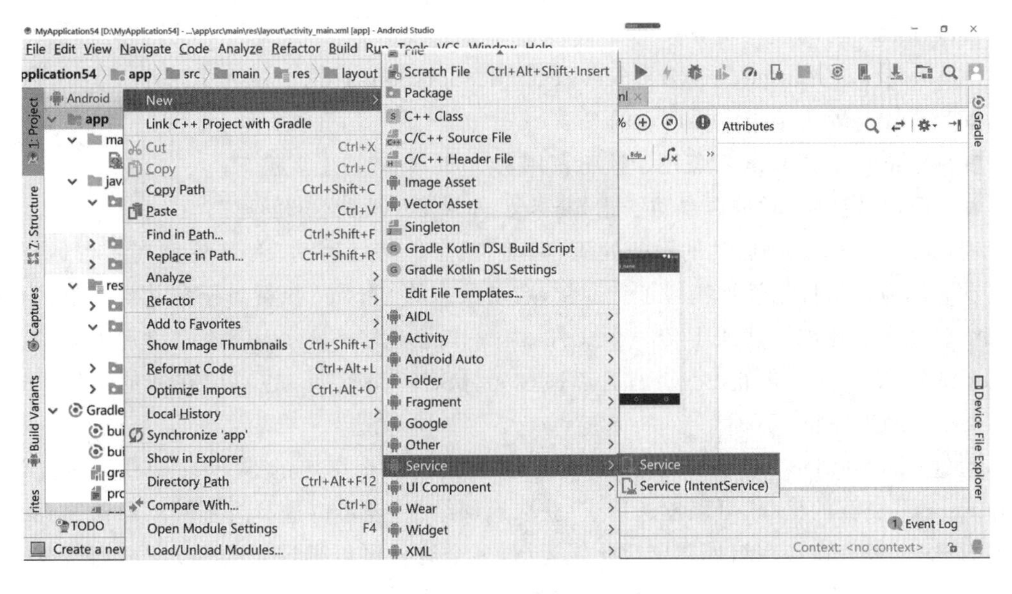

图 6-8　自动生成后台服务

6.2.2　服务的启动

Android 中的服务不能自己启动，需要调用相应的方法来启动。有两种启动服务的方法：Context. startService 和 Context. bindService()。

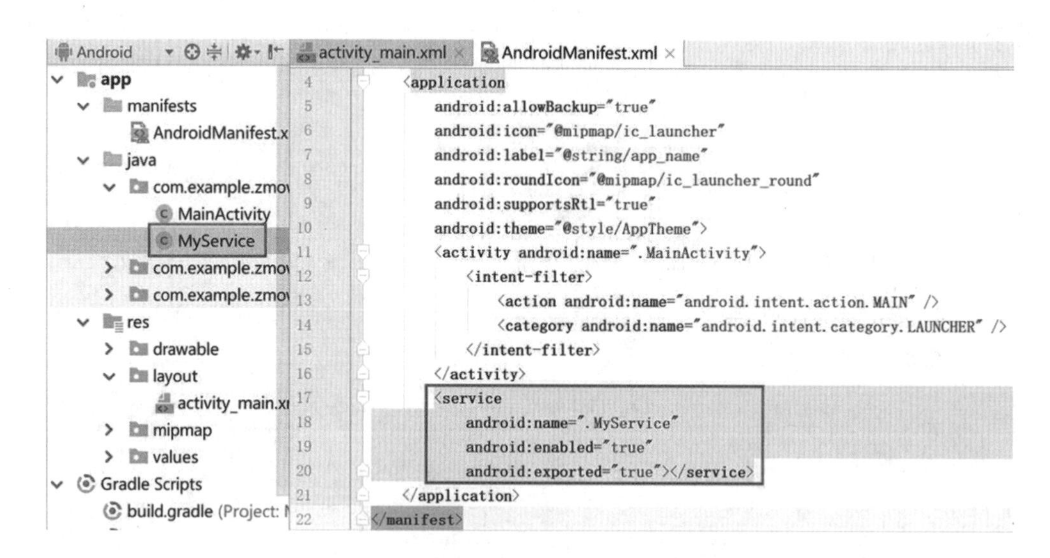

图 6-9　生成服务后的项目结构和配置文件

使用 startService()方式开启服务的具体代码如下：

```
Intent intent=new Intent(this,StartService.class);
Context.startService(intent);
Context.stopService(intent);
```

当程序使用 startService()和 stopService()启动和关闭服务时，服务与调用者之间基本不存在太多的关联，也无法与访问者进行通信、数据交互等。

如果服务需要与调用者进行方法调用和数据交互，则应该使用 bindService()和unbindService()启动和关闭服务。

在 bindService(Intent service，ServiceConnection conn，int flags) 方法中：

- Intent 对象用于指定要启动的 Service；
- ServiceConnection 对象用于监听调用者与 Service 的连接状态；
- flags 指定绑定时是否自动创建 Service(如果 Service 还未创建)。

通过 startService()启动的服务处于“启动”状态。一旦启动，Service 就在后台运行，即使启动它的应用组件已经被销毁了。通常，启动状态的 Service 执行单任务并且不返回任何结果给启动者。比如下载或上传一个文件，当操作完成时，Service 应该停止它本身。为了节省系统资源，一定要停止 Service，可以通过 stopSelf()来停止，也可以在其他组件中通过stopService()来停止。

通过 bindService()启动的服务处于“绑定”状态。一个绑定的 Service 提供一个允许组件与 Service 交互的接口，可以发送请求、获取返回结果，还可以进行进程间的通信交互。绑定的 Service 只有在应用组件绑定后才能运行，多个组件可以绑定一个 Service，当所有与之绑定的组件都调用 unbind()方法后，这个 Service 就会被销毁。

使用不同的方法启动服务，服务的生命周期也会不同，如图 6-10 所示。

Service 的生命周期主要与 4 个回调函数相关：onCreate()、onStartCommand()、onBind()和 onDestroy()。

1. startService 方式开启服务的生命周期

- 服务会执行 onCreate()→onStartCommand()方法，服务处于运行状态，直到自身调

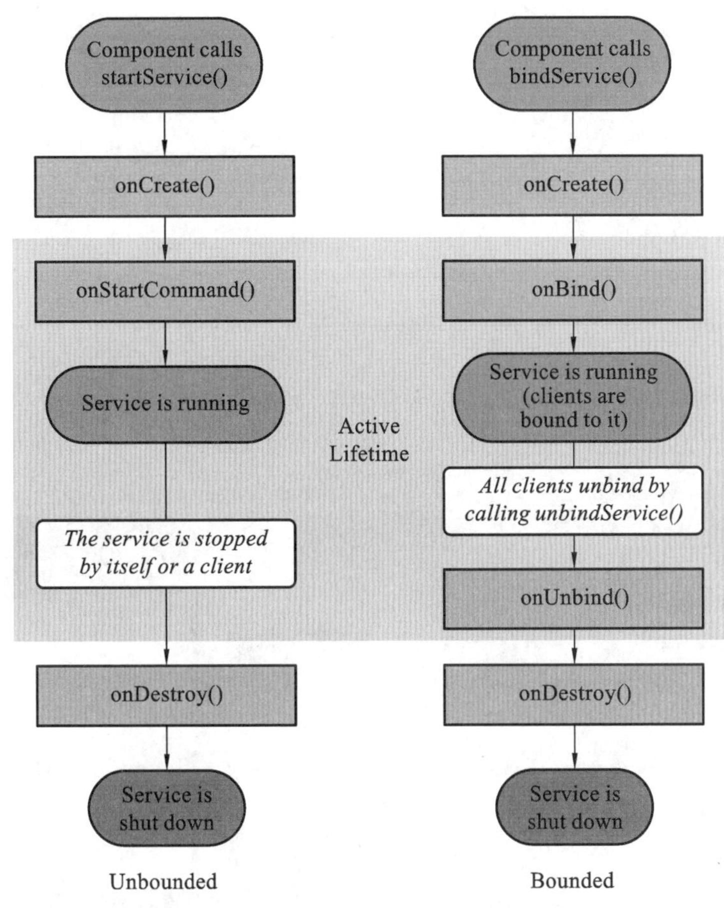

图 6-10　两种启动方式的 Service 生命周期

用 stopSelf()方法或者其他组件调用 stopService()方法时服务停止，最终被系统销毁。

- 服务会长期在后台运行，并且服务的状态与开启者的状态没有关系。

2. bindService 方式开启服务的生命周期

- 服务会执行 onCreate() → onBind() 方法，服务处于绑定状态，客户端通过 unbindService()方法关闭连接，解除绑定时，系统将直接销毁服务。
- 服务与开启者的状态有关，当开启者（调用者）销毁了，服务也会被销毁。

6.2.3 服务的应用

服务的常用方法见表 6-1。

表 6-1　服务 Service 的常用方法

方　　法	说　　明
onCreate()	创建后台服务
onStartCommand (Intent intent, int flags, int startId)	启动一个后台服务
onDestroy()	销毁后台服务，并删除所有调用

续表

方　法	说　明
sendBroadcast(Intent intent)	继承父类 Context 的 sendBroadcast( ) 方法，实现发送广播机制的消息
onBind(Intent intent)	与服务通信的信道进行绑定，服务程序必须实现该方法
onUnbind(Intent intent)	撤销与服务信道的绑定

例 6-1 设计一个后台音乐服务程序，如图 6-11 所示，步骤如下：

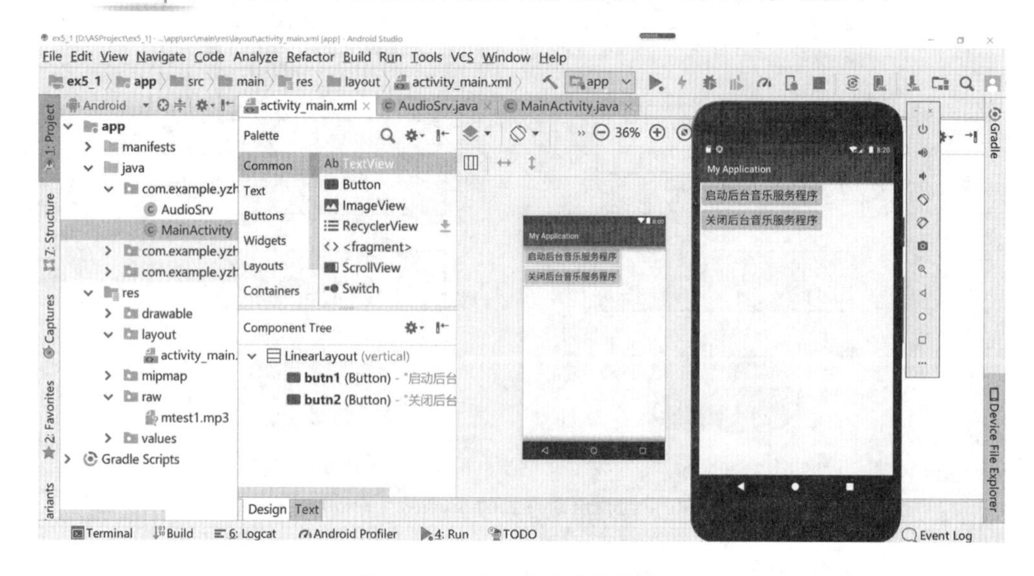

图 6-11　一个后台音乐服务程序

1. 创建 Service 的子类

(1) 编写 onCreate()方法，创建后台服务；

(2) 编写 onStartCommand()方法，启动后台服务；

(3) 编写 onDestroy()方法，终止后台服务，并删除所有调用。

参考代码如下：

```
public class AudioSrv extends Service{
        MediaPlayer play;
        @Override
        public IBinder onBind(Intent intent){
             return null;
        }
        public void onCreate(){
            super.onCreate();
            play=MediaPlayer.create(this, R.raw.mtest1);
```

```
                Toast.makeText(this, "创建后台服务...", Toast.LENGTH_LONG).
show();
            }
            public int onStartCommand(Intent intent, int flags, int startId){
                    super.onStartCommand(intent, flags, startId);
                    play.start();
                    Toast.makeText(this, "启动后台服务,播放音乐...",
                        Toast.LENGTH_LONG).show();
                    return START_STICKY;
            }
            public void onDestroy(){
                    play.release();
                    super.onDestroy();
                    Toast.makeText(this, "销毁后台服务!", Toast.LENGTH_LONG).show
();
            }
    }
```

2. 创建启动和控制 Service 的 Activity

(1) 创建 Intent 对象,建立 Activity 与 Service 的关联;

(2) 调用 Activity 的 startService(Intent)方法启动 Service 后台服务;

(3) 调用 Activity 的 stopService(Intent)方法关闭 Service 后台服务。

参考代码如下:

```
public class MainActivity extends AppCompatActivity {
    Button startbtn, stopbtn;
    Intent intent;
    @Override
    protected void onCreate(Bundle savedInstanceState) {
        super.onCreate(savedInstanceState);
        setContentView(R.layout.activity_main);
        startbtn=(Button)findViewById(R.id.butn1);
        stopbtn=(Button)findViewById(R.id.butn2);
        startbtn.setOnClickListener(new mClick());
        stopbtn.setOnClickListener(new mClick());
        intent=new Intent(MainActivity.this, AudioSrv.class);
    }
    class mClick implements OnClickListener
    {
        public void onClick(View v)
        {
            if(v ==startbtn)   startService(intent);
```

```
                else if(v ==stopbtn)     stopService(intent);
            }
        }
    }
```

3. 在配置文件 AndroidManifest. xml 的<application>标签中添加代码

```
<service android:enabled="true" android:name=".AudioSrv" />
```

一个服务只能创建一次，销毁一次，但可以开始多次，即 onCreate()和 onDestroy()方法只会被调用一次，而 onStartCommand()方法可以被调用多次。后台服务的具体操作一般应该放在 onStartCommand()方法里面。如果 Service 已经启动，当再次启动 Service 时，则不调用 onCreate()，而直接调用 onStartCommand()。

6.3 广播接收器 BroadcastReceiver

6.3.1 广播 Broadcast

Broadcast 是 Android 系统应用程序之间传递信息的一种机制。广播消息可以是应用程序的数据信息，也可以是 Android 的系统消息。Android 系统中内置了很多系统级别的广播，比如网络连接变化、电池电量变化、接收到的短信信息或系统设置的变化等。

应用程序和 Android 系统都可以使用 Intent，通过 sendBroadcast()方法发送广播消息，示例代码如下：

```
String action="cn.edu.neusoft. broadcastreceiverselfdemo";
Intent intent=new Intent(action);
intent.putExtra("name", luckman);
sendBroadcast(intent);//发送广播消息
```

在构造 Intent 时，其中的 action 信息用来标识要执行的动作信息，必须定义一个全局唯一的字符串，通常可以设置为应用程序的包名。如果需要在广播中传输数据信息，则可以调用 Intent 的 putExtra()方法，将数据封装到 Intent 里。

Android 系统提供了广播接收器 BroadcastReceiver(见图 6-12)，广播接收器的作用就是接收来自系统或其他应用程序的广播，并做出回应。

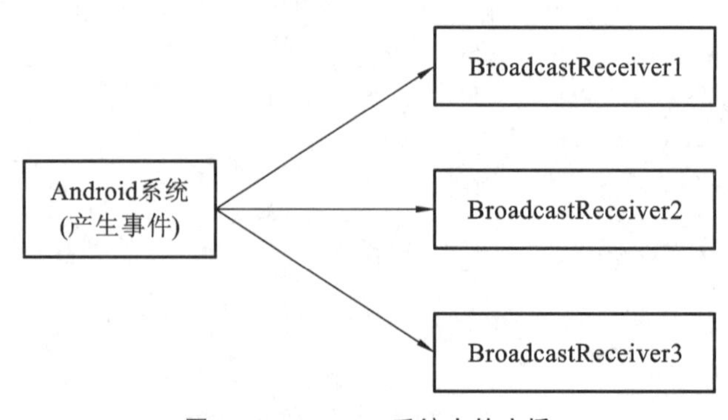

图 6-12 Android 系统中的广播

使用 Context. sendBroadcast()方法发送的是普通广播，它们完全是异步的。广播的全部接收者以未定义的顺序运行，通常在同一时间。这非常高效，但是也意味着接收者不能结束或者终止 API。

使用 Context.sendOrderedBroadcast()方法发送的是有序广播，它们每次只发送给一个接收者。由于每个接收者依次运行，它能为下一个接收者生成一个结果，或者它能完全终止广播以便不传递给其他接收者。有序接收者的运行顺序由匹配的 intent-filter 的 android:priority 属性控制，具有相同优先级的接收者运行顺序任意。

6.3.2 广播接收器的创建

BroadcastReceiver 是 Android 的四大组件之一。BroadcastReceiver 类是所有广播接收器的抽象基类。广播接收器的生命周期非常简单。当消息到达时，接收器调用 onReceive()方法。在该方法结束后，BroadcastReceiver 实例失效。

创建广播接收器的示例代码如下：

```
public class MyBroadcastReceiver extends BroadcastReceiver {
        @Override
        public void onReceive(Context context, Intent intent) {
              //处理广播消息
        }
}
```

应用程序只能接收与注册的 BroadcastReceiver 相匹配的广播消息，接收到广播消息后，BroadcastReceiver 的 onReceive()方法会被自动调用。

Android 提供了两种注册广播接收器的形式：

(1) 在 AndroidManifest.xml 文件中静态注册，示例代码如下：

```
<receiver android:name="cn.itcast.MyBroadcastReceiver">
    <intent-filter android:priority="20">
        <action android:name="android.provider.Telephony.SMS_RECEIVED"/>
    </intent-filter>
</receiver>
```

(2) 在程序中动态注册，示例代码如下：

```
MyBroadCastReceiver receiver=new MyBroadCastReceiver();
String action="android.provider.Telephony.SMS_RECEIVED";
IntentFilter intentFilter=new IntentFilter(action);
registerReceiver(receiver, intentFilter);
```

这种广播在 Activity 的 onCreate()方法中注册，可以在 onDestroy()方法中解除，具体代码如下：

```
unregisterReceiver(receiver);
```

静态注册的广播接收器一经注册，不管程序是否启动，都会发挥作用。即使应用程序关闭，如果接收到广播，该程序会自动重新启动。这种方式适合程序需要长期监听某个广播的情形，比如检测用户的短信。

程序动态注册的广播接收者只在程序运行过程中有效，当用来注册的 Activity 关掉后，广播也就失效了。

6.3.3 实现广播和接收

广播效果示例

以静态注册为例，实现广播和接收机制的完整步骤如下：

(1) 创建 Intent 对象，设置 Intent 对象的 action 属性。这个 action 属性是接收广播数据的标识。注册了相同 action 属性的广播接收器才能收到发送的广播数据。

```
Intent intent=new Intent();
intent.setAction("abc");
```

(2) 编写需要广播的信息内容，将需要播发的信息封装到 Intent 中，通过 Activity 或 Service 继承其父类 Context 的 sendBroadcast()方法将 Intent 广播出去。

```
intent.putExtra("hello", "这是广播信息!");
sendBroadcast(intent);
```

(3) 编写一个继承 BroadcastReceiver 的子类作为广播接收器，该对象是接收广播信息并对信息进行处理的组件。在子类中要重写接收广播信息的 onReceive()方法。

```
class TestReceiver extends  BroadcastReceiver
{
    public void onReceive(Context context, Intent intent)
    {
        /*接收广播信息并对信息做出响应的代码*/
    }
}
```

(4) 在配置文件 AndroidManifest.xml 中注册广播接收类。

```
<receiver android:name=".TestReceiver">
<intent-filter>
<action android:name="abc" />
</intent-filter>
</receiver>
```

(5) 销毁广播接收器。

Android 系统在执行 onReceive()方法时，会启动一个程序计时器，在一定时间内，广播接收器的实例会被销毁。因此，广播机制不适合传递大数据量的信息。

在 Android Studio 中可以使用系统导航，在项目中自动生成广播接收器并自动在配置文件中注册，如图 6-13 和图 6-14 所示。

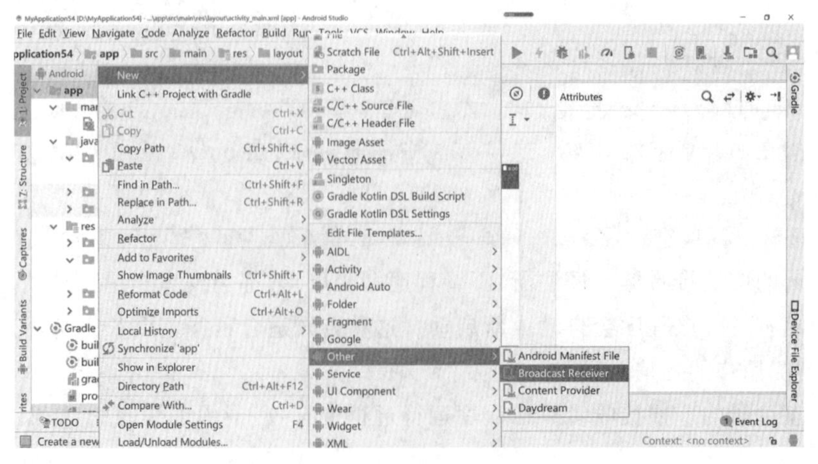

图 6-13 自动生成广播接收器

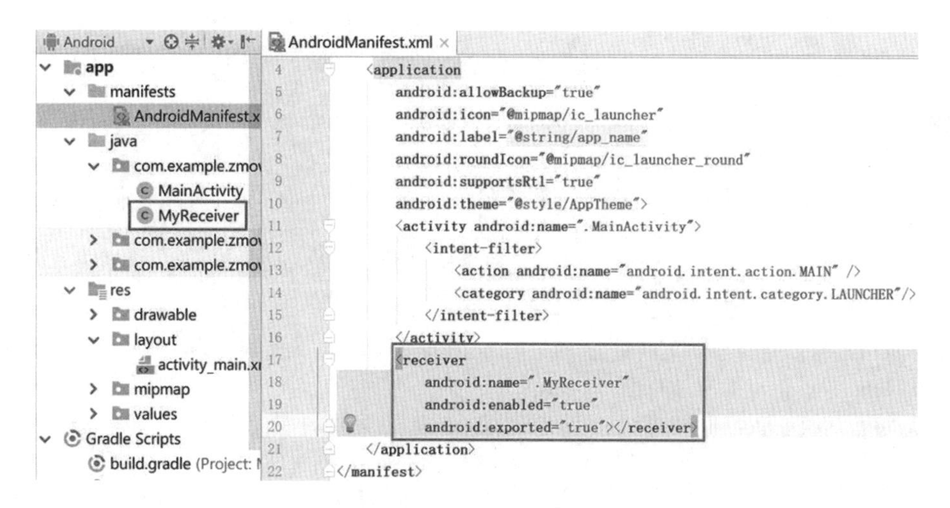

图 6-14　生成广播接收器后的项目结构和配置文件

例 6-2　一个简单的信息广播程序示例，如图 6-15 所示。

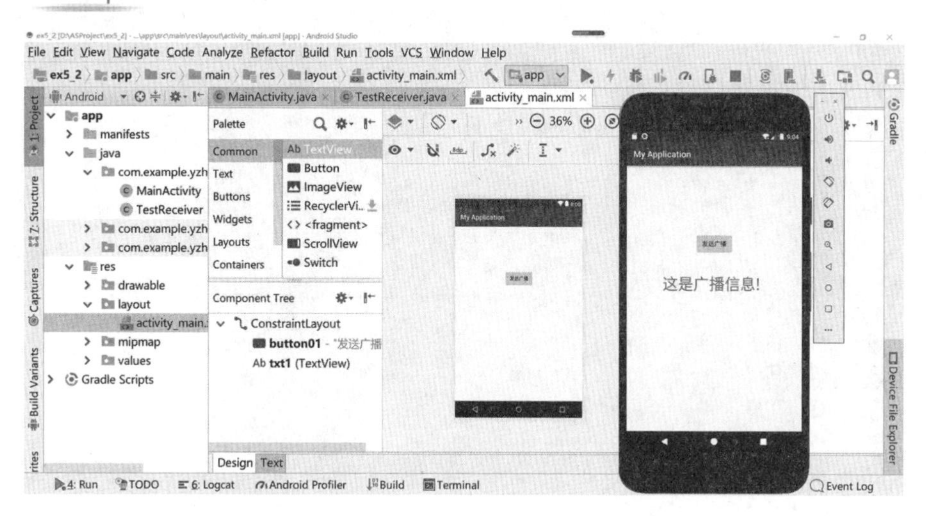

图 6-15　一个简单的信息广播程序示例

MainActivity.java 代码如下：

```
public class MainActivity extends AppCompatActivity {
    static TextView txt;
    @Override
    protected void onCreate(Bundle savedInstanceState) {
        super.onCreate(savedInstanceState);
        setContentView(R.layout.activity_main);
        txt = (TextView) findViewById(R.id.txt1);
        Button btn= (Button) findViewById(R.id.button01);
        btn.setOnClickListener(new mClick());
    }
    class mClick implements  OnClickListener{
```

```
            @Override
            public void onClick(View v){
                Intent intent =new Intent();
                intent.setAction("abc");  //设置 action 属性值
                intent.putExtra("hello", "这是广播信息!");
                sendBroadcast(intent);
                }
            }
    }
```

TestReceiver.java 代码如下：

```
    public class TestReceiver extends BroadcastReceiver{
            @Override
            public void onReceive(Context context, Intent intent){
            String str =intent.getStringExtra("hello");
            MainActivity.txt.setText(str);
        }
    }
```

配置文件中的注册信息如下：

```
    <receiver  android:name=".TestReceiver">
            <intent- filter>
                    <action android:name="abc" />
            </intent- filter>
    </receiver>
```

6.4 系统服务

6.4.1 系统服务概述

Android系统提供了很多标准的系统服务，如表6-2所示。这些系统服务都可以很简单地通过Intent进行广播。

表 6-2 Android 的系统服务

系统服务	说明
WINDOW_SERVICE ("window")	窗体管理服务
LAYOUT_INFLATER_SERVICE ("layout_inflater")	布局管理服务
ACTIVITY_SERVICE ("activity")	Activity 管理服务
POWER_SERVICE ("power")	电源管理服务
ALARM_SERVICE ("alarm")	时钟管理服务
NOTIFICATION_SERVICE ("notification")	通知管理服务
KEYGUARD_SERVICE ("keyguard")	键盘锁服务

续表

系统服务	说明
LOCATION_SERVICE ("location")	基于地图的位置服务
SEARCH_SERVICE ("search")	搜索服务
VIBRATOR_SERVICE ("vibrator")	振动管理服务
CONNECTIVITY_SERVICE ("connection")	网络连接服务
WIFI_SERVICE ("wifi")	WiFi 连接服务
INPUT_METHOD_SERVICE ("input_method")	输入法管理服务
TELEPHONY_SERVICE ("telephony")	电话服务
DOWNLOAD_SERVICE ("download")	HTTP 协议的下载服务

系统服务可以看作是一个对象，通过 Activity 类的 getSystemService()方法可以获得指定的对象，即系统服务。

6.4.2 系统通知服务 Notification

通知栏代码示例

1. Notification 简介

Notification 是 Android 系统的一种通知服务，当手机来电、来短信或闹钟铃声响时，在状态栏上显示通知的图标和文字，提示用户处理。当拖动状态栏时，可以查看这些信息。

Notification 是一种具有全局效果的通知，展示在屏幕的顶端。它首先会呈现为一个图标的形式，当用户向下滑动状态栏时，展示出通知具体的内容。Notification 的示例如图 6-16 所示。标注 1 为图标，标注 2 为标题，标注 3 为通知内容，标注 4 为接收到该通知的时间。

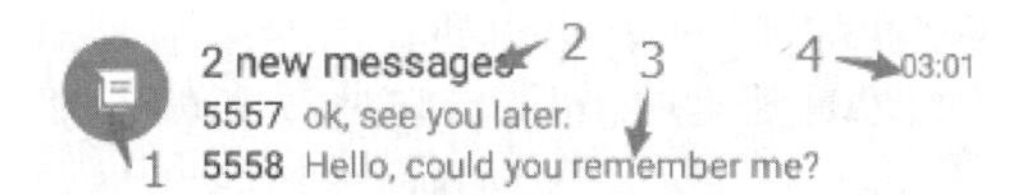

图 6-16 Notification 标准视图示例

Notification 提供了声音和振动等属性，表 6-3 列出了 Notification 的部分常见属性。

表 6-3 Notification 的部分常见属性

属性	说明
audioStreamType	所用的音频流的类型
contentIntent	设置单击通知条目所执行的 Intent
contentView	设置状态栏显示通知的视图
defaults	设置成默认值
deleteIntent	删除通知所执行的 Intent
icon	设置状态栏上显示的图标

续表

属　性	说　明
iconLevel	设置状态栏上显示图标的级别
ledARGB	设置 LED 灯的颜色
ledOffMS	设置关闭 LED 时的闪烁时间(以毫秒计算)
ledOnMS	设置开启 LED 时的闪烁时间(以毫秒计算)
sound	设置通知的声音文件
tickerText	设置状态栏上显示的通知内容
vibrate	设置振动模式
when	设置通知发生的时间

系统通知服务 Notification 由系统通知管理对象 NotificationManager 进行管理及发布通知。由 getSystemService(NOTIFICATION_SERVICE)创建 NotificationManager 对象。

```
NotificationManager n_Manager=
        (NotificationManager)getSystemService(NOTIFICATION_SERVICE);
```

NotificationManager 对象通过 notify(int id, Notification notification) 方法把通知发送到状态栏。通过 cancelAll()方法取消以前显示的所有通知。

2. PendingIntent

Notification 显示的消息有限,一般仅用于提示概要信息。但是用户很多时候需要了解消息详情,因此需要给 Notification 绑定一个 Intent,当用户单击 Notification 的时候,通过这个 Intent 启动一个 Activity 来显示详细内容。在 Notification 中,并不使用常规的 Intent 去传递一个意图,而是使用 PendingIntent 来传递。

PendingIntent 的字面意思是延迟的 Intent,它是对 Intent 的一个封装。Intent 用来处理马上发生的意图,而 PendingIntent 不是立刻执行某个行为,而是满足某些条件或触发某些事件后才执行指定的行为。

PendingIntent 包含了 Intent 及 Context,因此就算 Intent 所属程序结束,PendingIntent 依然有效,可以在其他程序中使用(常用在通知栏及短信发送系统中)。

PendingIntent 提供了多个静态的方法,用于获得适用于不同场景的 PendingIntent 对象。静态方法介绍如表 6-4 所示。

表 6-4　PendingIntent 的静态方法

方　法	说　明
getActivity(Context context, int requestCode, Intent intent, int flags)	启动一个 Activity
getService(Context context, int requestCode, Intent intent, int flags)	启动一个 Service
getBroadcast(Context context, int requestCode, Intent intent, int flags)	取得一个广播

静态方法中的 flags 参数用于标识 PendingIntent 的构造选择,具体如表 6-5 所示。

表6-5 PendingIntent 的常规参数 flags

flags 参数	说　　明
FLAG_CANCEL_CURRENT	如果构建的 PendingIntent 已经存在,则取消前一个,重新构建一个
FLAG_NO_CREATE	如果前一个 PendingIntent 已经不存在了,将不再构建它
FLAG_ONE_SHOT	这里构建的 PendingIntent 只能使用一次
FLAG_UPDATE_CURRENT	如果构建的 PendingIntent 已经存在,则替换它,经常使用

3. Notification 的实现

Notification 的使用过程一般分为 4 个步骤：

（1）获取通知栏的管理类对象：

```
NotificationManager nMager = (NotificationManager) getSystemService
(NOTIFICATION_SERVICE);
```

（2）实例化通知栏构造器：

```
NotificationCompat.Builder builder = new NotificationCompat.Builder
(MainActivity.this);
```

（3）对 Builder 实例进行配置：

```
builder.setSmallIcon(R.drawable.a);//设置通知小图标
builder.setContentTitle("通知栏标题");//设置通知标题
builder.setContentText("通知栏内容:");//设置通知内容
Intent intent=newIntent(MainActivity.this,MainActivity.class);
PendingIntent pi=PendingIntent.getActivity(MainActivity.this,0,intent,0);
builder.setContentIntent(pi);
Notification notification=builder.build();
```

（4）发送通知请求：

```
nMager.notify(1,notification);
```

通知栏运行效果如图 6-17 所示。

图 6-17　Notification 的简单应用

notify 方法中的第 1 个参数为通知的标志位，在应用程序中需唯一。取消通知时，要用到通知的标志位，示例代码如下：

```
nMager.cancel(1);
```

6.4.3 系统时钟服务 Alarm

Alarm 机制可以实现定时功能，它是在到达设定时间后由 AlarmManager 广播一个 Intent 信息。AlarmManager 常用的属性和方法见表 6-6。

表 6-6 AlarmManager 常用的属性和方法

属性或方法名称	说　明
ELAPSED_REALTIME	设置闹钟时间，从系统启动开始
ELAPSED_REALTIME_WAKEUP	设置闹钟时间，从系统启动开始，如果设备休眠则唤醒
INTERVAL_DAY	设置闹钟时间，间隔一天
INTERVAL_FIFTEEN_MINUTES	间隔 15 分钟
INTERVAL_HALF_DAY	间隔半天
INTERVAL_HALF_HOUR	间隔半小时
INTERVAL_HOUR	间隔 1 小时
RTC	设置闹钟时间，从系统当前时间开始（System.currentTimeMillis()）
RTC_WAKEUP	设置闹钟时间，从系统当前时间开始，如果设备休眠则唤醒
set(int type,long tiggerAtTime, PendingIntent operation)	设置在某个时间执行闹钟
setRepeating(int type, long triggerAtTime, long interval,PendingIntent operation)	设置在某个时间重复执行闹钟
setInexactRepeating(int type,long triggerAtTime, long interval,PendingIntent operation)	设置在某个时间重复执行闹钟，但不是间隔固定时间
cancel(PendingIntent)	取消闹钟

Alarm 控制简单，主要体现在以下几个方面：

(1) Alarm 定时不需要程序自身去维护，而由系统来维护，因此可以更好地避免错误；

(2) 程序自身不需要担心程序退出后定时功能是否工作，因为系统到时间会自动调用对应组件执行定义好的逻辑；

(3) 定时具有多样性，包括一次定时、循环定时(在××年×月×日执行、周一至周五执行、每天几点几分执行等)。

Alarm 最典型的应用案例就是闹铃应用，用户通过操作 AlarmManager 与 PendingIntent 即可设定定时功能。主要有两种应用场景：

（1）周期性地执行某项操作：

```
69      Intent intent=new Intent(MainActivity.this, alarmreceiver.class);
70      intent.setAction("repeating");
71      PendingIntent sender=PendingIntent.getBroadcast(MainActivity.this,
72                                              0, intent, 0);
73      /*开始时间*/
74      long firstime= SystemClock.elapsedRealtime();
75      AlarmManager am= (AlarmManager)getSystemService(ALARM_SERVICE);
76      /*5秒一个周期,不停地发送广播*/
77      am.setRepeating(AlarmManager.ELAPSED_REALTIME_WAKEUP ,
78                          firstime, 5*1000, sender);
```

（2）在指定时长后执行某项操作：

```
52      intent=new Intent(MainActivity.this, alarmreceiver.class);
53      intent.setAction("aaa");
54      sender=PendingIntent.getBroadcast(MainActivity.this, 0, intent, 0);
55      Calendar calendar=Calendar.getInstance();
56      calendar.setTimeInMillis(System.currentTimeMillis());
57      calendar.add(Calendar.SECOND, 5); //设定一个5秒后的时间
58      AlarmManager alarm=(AlarmManager)getSystemService(ALARM_SERVICE);
59      alarm.set(AlarmManager.RTC_WAKEUP, calendar.getTimeInMillis(),
60                          sender);
```

第 7 章

数据存储

Android 系统共提供了 4 种数据存储方式，分别是 SharedPreferences、文件存储、SQLite 数据库和 ContentProvider。

Android 系统中数据基本都是私有的，存放于"data/data/程序包名"目录下。SharedPreferences、文件存储和 SQLite 数据库可以用来存储数据，但若要实现数据共享，要使用 ContentProvider。

7.1 简单存储 SharedPreferences

SharedPreferences 是 Android 提供的一个轻量级的存储类，用于存储一些应用程序的配置参数，例如用户名、密码、自定义参数的设置等。该存储方式类似于 Web 程序中的 Cookie。

SharedPreferences 接口位于 android. content 包中，它采用"键名-键值"的键值对形式组织和管理数据，其数据存储在 XML 格式文件中，如图 7-1 所示。该文件存放在/data/data/项目包名/shared_prefs/目录之下，文件扩展名. xml 由系统自动生成。应用设备文件浏览器 Device File Explorer 可以查看到该文件，如图 7-2 所示。

data.xml

```xml
1  <?xml version='1.0' encoding='utf-8' standalone='yes' ?>
2  <map>
3      <string name="psw">123</string>
4      <string name="name">abc</string>
5  </map>
```

图 7-1　简单存储文件的内容格式

Device File Explorer
Emulator Nexus_5X_API_26 Android 8.0.0, API 26

Name	Permissions	Date	Size
> acct	dr-xr-xr-x	2020-10-15 05:18	0 B
> cache	drwxrwx---	2020-03-21 06:29	4 KB
> config	drwxr-xr-x	2020-10-15 05:18	0 B
> d	lrwxrwxrwx	1970-01-01 00:00	17 B
∨ data	drwxrwx--x	2020-03-21 06:30	4 KB
> app	drwxrwx--x	2020-03-21 06:30	4 KB
∨ data	drwxrwx--x	2020-03-21 06:30	4 KB
∨ com.example.zmowxl.myapplication	drwxrwx--x	2020-03-21 06:30	4 KB
> app_textures	drwxrwx--x	2022-06-12 10:26	4 KB
> app_webview	drwxrwx--x	2022-06-12 10:27	4 KB
> cache	drwxrws--x	2022-06-12 12:20	4 KB
> code_cache	drwxrws--x	2020-03-21 06:30	4 KB
∨ shared_prefs	drwxrwx--x	2022-06-13 00:27	4 KB
data.xml	-rw-rw----	2022-06-13 00:27	143 B

Gradle　Device File Explorer

图 7-2　简单存储文件的存放位置

SharedPreferences 对象由 Context. getSharedPreferences (String name, int mode)方

法构造，其中第 1 个参数为保存数据的文件名，第 2 个参数是访问模式。SharedPreferences 支持 3 种访问模式，如表 7-1 所示。

表 7-1 SharedPreferences 的访问模式

访问模式	说明
MODE_PRIVATE	私有
MODE_WORLD_READABLE	全局读
MODE_WORLD_WRITEABLE	全局写

SharedPreferences 接口的常用方法见表 7-2。

表 7-2 SharedPreferences 接口的常用方法

方法	说明
edit()	建立一个 SharedPreferences. Editor 对象
contains(String key)	判断是否包含该键值
getAll()	返回所有配置信息
getBoolean(String key,Boolean defValue)	获得一个 Boolean 类型数据
getFloat(String key,float defValue)	获得一个 float 类型数据
getInt(String key,int defValue)	获得一个 int 类型数据
getLong(String key,long defValue)	获得一个 long 类型数据
getString(String key,string defValue)	获得一个 string 类型数据

创建 SharedPreferences 实例后，读取数据非常简单，直接调用 SharedPreferences 对象相应的 get×××方法即可获得数据。

如果要保存数据，则必须首先通过 SharedPreferences 类提供的 edit()方法才可以使其处于可编辑状态，此方法返回 SharedPreferences. Editor 接口实例。该接口的常用方法见表 7-3。

表 7-3 SharedPreferences. Editor 接口的常用方法

方法	说明
clear()	清除所有数据值
commit()	保存数据
putBoolean(String key, Boolean value)	保存一个 Boolean 类型数据
putFloat(String key, float value)	保存一个 float 类型数据
putInt(String key, int value)	保存一个 int 类型数据
putLong(String key, long value)	保存一个 long 类型数据
putString(String key, string value)	保存一个 string 类型数据
remove(String key)	删除键名 key 所对应的数据值

SharedPreference. Editor 的 put×××方法以键值对的形式存储数据，最后一定要调用 commit()方法提交数据，文件才能保存。

使用 SharedPreferences 接口存取数据的示例代码如下：

（1）存储数据：

```
SharedPreferences sp=getSharedPreferences("data",MODE_PRIVATE);
Editor editor=sp.edit();
editor.putString("name", "李丽");
editor.putInt("age", 8);
editor.commit();
```

（2）取出数据：

```
SharedPreferences sp=getSharedPreferences("data",MODE_PRIVATE);
String data = sp.getString("name","");
```

（3）编辑数据：

```
SharedPreferences sp=getSharedPreferences("data",MODE_PRIVATE);
Editor editor=sp.edit();
editor.remove("name");
editor.clear();
editor.commit();
```

SharedPreferences 的本质其实仍然是借助于文件系统实现保存的。另外，使用 SharedPreferences 仅能够保存少量的配置数据。如果想存储更多类型或复杂的数据，还是要选择文件存储。

7.2 文件存储

7.2.1 内部存储

文件存储是 Android 中最基本的一种数据存储方式，它与 Java 中的文件存储类似，都是通过 I/O 流的形式把数据原封不动地存储到文档中的。Android 中的文件存储分为内部存储和外部存储，如图 7-3 所示。

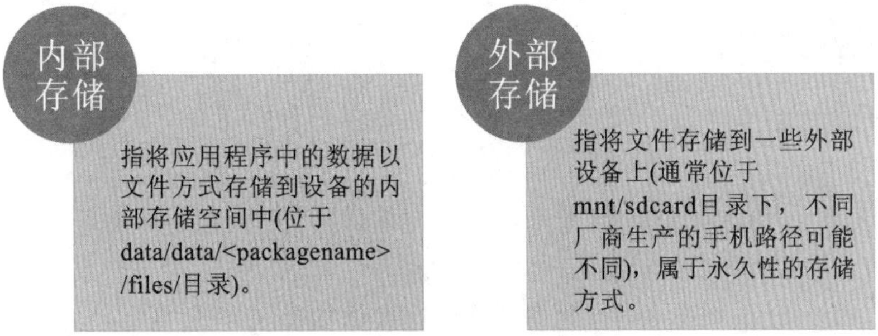

内部存储

指将应用程序中的数据以文件方式存储到设备的内部存储空间中(位于data/data/<packagename>/files/目录)。

外部存储

指将文件存储到一些外部设备上(通常位于mnt/sdcard目录下，不同厂商生产的手机路径可能不同)，属于永久性的存储方式。

图 7-3　内部存储和外部存储

Android 系统处理文件时直接调用 Java 语言的 java. io 包中的 File、FileInputStream 和 FileOutputStream 等类。Activity 类中对文件操作的常用方法见表 7-4。

表 7-4 Activity 类中对文件操作的常用方法

方 法	说 明
public FileInputStream openFileInput(String name)	设置要打开的文件输入流
public FileOutputStream openFileOutput (String name, int mode)	设置要打开的文件输出流，指定操作的模式。操作的模式可以为 MODE_APPEND，MODE_PRIVATE，MODE_WORLD_READABLE，MODE_WORLD_WRITEABLE

（1）读取文件的代码示例如下：

```
3        String fileName="test.txt" ;
4       byte[]  buffer=new byte[1024]; // 定义保存数据的数组
5       FileInputStream in_file=null;// 获得文件输入流
6       try {
7       in_file=openFileInput(fileName);
8       int   bytes=in_file.read(buffer);// 从输入流中读取数据
9       }
10       catch (FileNotFoundException e) { System.out.print("文件不存在");}
11       catch (IOException e) { System.out.print("IO 流错误");
```

（2）保存文件的代码示例如下：

```
3       String fileName="test.txt";
4       String str="Hello World!";
5       FileOutputStream f_out;
6       try {
7            f_out=openFileOutput(fileName,MODE_PRIVATE);
8            f_out.write(str.getBytes());
9        }
10       catch (FileNotFoundException e) {e.printStackTrace();}
11       catch (IOException e) {e.printStackTrace();}
```

应用设备文件浏览器 Device File Explorer 可以查看到生成的文件，如图 7-4 所示。

7.2.2 外部存储

内部文件的读写方法也适用于 SD 卡，但在处理上稍有不同，要考虑对 SD 卡的读写权限。

环境变量访问类 Environment 是对环境变量的访问类，在 Android 程序中对 SD 卡文件进行读写操作时，经常需要应用它的以下两个方法：

- getExternalStorageState()：获取当前存储设备状态；
- getExternalStorageDirectory()：获取 SD 卡的根目录。

Environment 的主要常量为 Environment. MEDIA_MOUNTED，表示对 SD 卡具有读写权限。判断是否具有对 SD 卡文件进行读写操作权限通常使用下列条件语句：

```
if(Environment.getExternalStorageState().equals(Environment.MEDIA_MOUNTED))
```

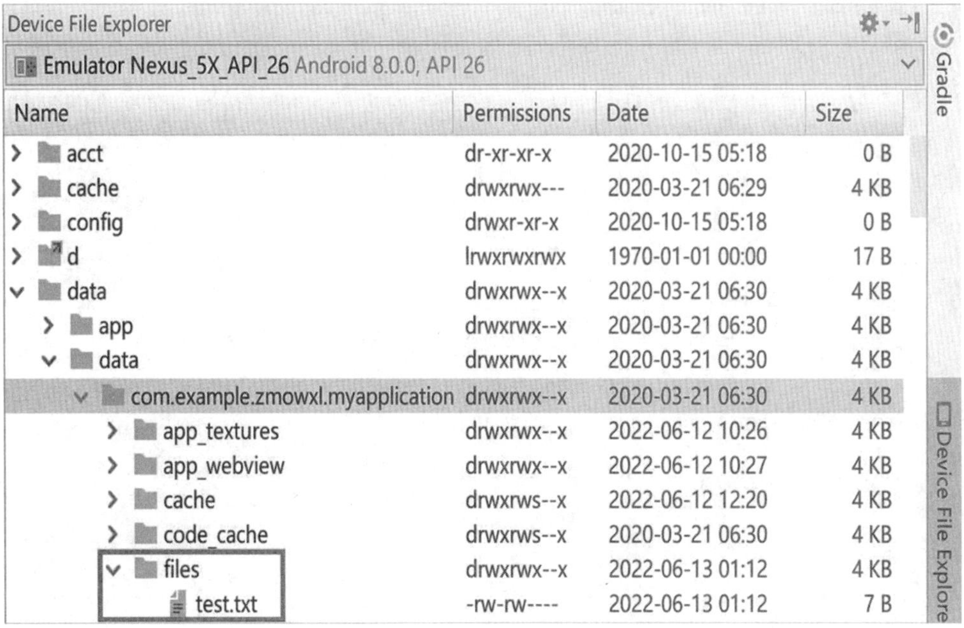

Device File Explorer

Emulator Nexus_5X_API_26 Android 8.0.0, API 26

Name	Permissions	Date	Size
> acct	dr-xr-xr-x	2020-10-15 05:18	0 B
> cache	drwxrwx---	2020-03-21 06:29	4 KB
> config	drwxr-xr-x	2020-10-15 05:18	0 B
> d	lrwxrwxrwx	1970-01-01 00:00	17 B
∨ data	drwxrwx--x	2020-03-21 06:30	4 KB
> app	drwxrwx--x	2020-03-21 06:30	4 KB
∨ data	drwxrwx--x	2020-03-21 06:30	4 KB
∨ com.example.zmowxl.myapplication	drwxrwx--x	2020-03-21 06:30	4 KB
> app_textures	drwxrwx--x	2022-06-12 10:26	4 KB
> app_webview	drwxrwx--x	2022-06-12 10:27	4 KB
> cache	drwxrws--x	2022-06-12 12:20	4 KB
> code_cache	drwxrws--x	2020-03-21 06:30	4 KB
∨ files	drwxrwx--x	2022-06-13 01:12	4 KB
test.txt	-rw-rw----	2022-06-13 01:12	7 B

图 7-4　内部文件的存放位置

在 Android Manifest. xml 文件中,要加入允许对 SD 卡进行操作的权限语句。

- 允许在 SD 卡中创建及删除文件的权限语句:

```
<uses-permission
android:name="android.permission.MOUNT_UNMOUNT_FILESYSTEMS">
</uses-permission>
```

- 允许往 SD 卡中写入数据的权限语句:

```
<uses-permission
android:name="android.permission.WRITE_EXTERNAL_STORAGE">
</uses-permission>
```

(1) 读取 SD 卡文件的代码示例如下:

```
113    String fileName="test.txt";
114   if(Environment.getExternalStorageState()   ←判断 SD 卡是否允许读写操作
115       .equals(Environment.MEDIA_MOUNTED))
116   {
117   File path= Environment                    ←获取 SD 卡目录路径
118   .getExternalStorageDirectory();
119   File sdfile= new File(path, fileName);
120   try {
121         FileInputStream in_file= new  FileInputStream(sdfile);
122         byte[]  buffer= new byte[1024];
123   int  bytes= in_file.read(buffer);   ←读取文件数据到字节数组
124   } catch (FileNotFoundException e) { System.out.print("文件不存在");}
125   catch (IOException e) { System.out.print("IO 流错误");}
126   }
```

(2) 保存SD卡文件的代码示例如下：

```
92      String fileName="test.txt";
93     if(Environment.getExternalStorageState()         ←判断SD卡是否允许读写操作
94     .equals(Environment.MEDIA_MOUNTED))
95     {
96     File path= Environment.getExternalStorageDirectory(); ←获取SD卡目录路径
97     File sdfile= new File(path, fileName);
98     try {
99           FileOutputStream f_out= new FileOutputStream(sdfile);
100           f_out.write(str.getBytes());  ←文件输出流将数据写入SD卡
101      }catch (FileNotFoundException e)
102      {
103            e.printStackTrace();
104      } catch (IOException e) {
105            e.printStackTrace();
106      }
107     }
```

应用设备文件浏览器Device File Explorer可以查看到生成的文件，如图7-5所示。

图7-5 外部文件的存放位置

7.3 数据库存储SQLite

7.3.1 SQLite简介

SQLite数据库是一个关系型数据库，因为它很小，引擎本身只有一个大小不到300 KB的文件，所以常作为嵌入式数据库内嵌在应用程序中。在Android系统的内部集成了SQLite数据库，如图7-6所示。

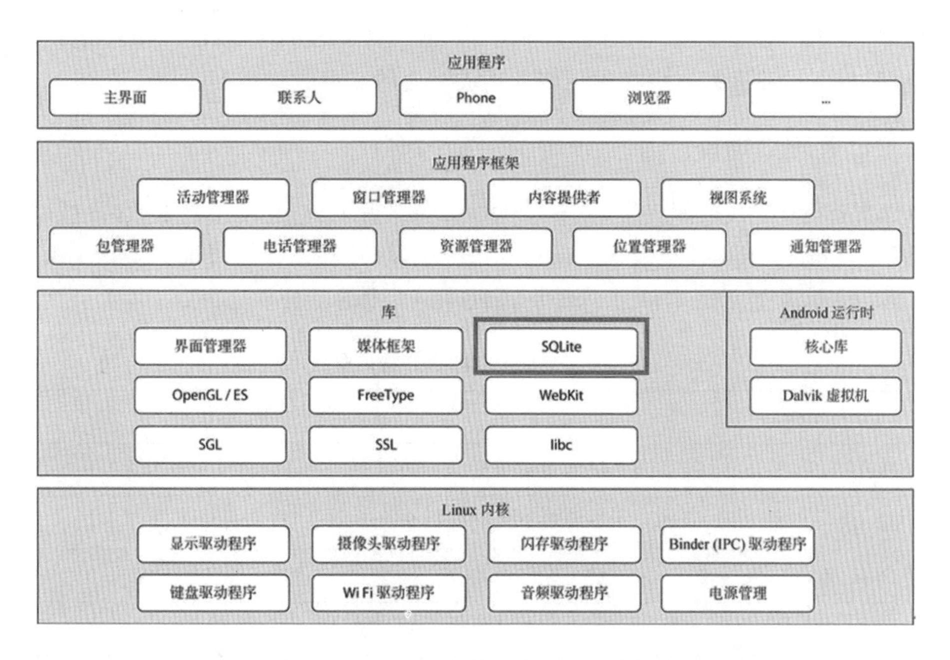

图 7-6　Android 内部集成 SQLite 数据库

虽然 SQLite 是轻量级的移动数据库，但是它的性能非常高。SQLite 数据库的特点如下：

(1) 支持 ACID 事务。

(2) 无须安装和管理配置。

(3) 是储存在单一磁盘文件中的一个完整的数据库。

(4) 数据库文件可以在不同字节顺序的机器间自由地共享。

(5) 支持数据库大小至 2 TB。

(6) 足够小，大致只有 3 万行 C 代码，250 KB。

(7) 比大部分普通数据库操作要快。

(8) 有良好注释的源代码，并且有着 90%以上的测试覆盖率。

(9) 没有额外依赖，独立性强。

(10) 源代码完全开源，可以用于任何用途，包括出售。

(11) 支持多种开发语言，包括 C，PHP，Perl，Java，ASP，.NET 等。

SQLite 具有 5 种数据类型，如表 7-5 所示。

表 7-5　SQLite 的 5 种数据类型

类　型	说　明
NULL	空值
INTEGER	有符号整数
REAL	浮点数
TEXT	文本字符串
BLOB	数据块

SQLite 支持的类型虽然只有 5 种，但实际上也接受 varchar(n)、char(n)、decimal(p,s)等数据类型，只不过在运算或保存时会将其转成对应的 5 种数据类型。

7.3.2 管理数据库

sqlite3 是 SQLite 数据库自带的一个 SQL 命令执行工具，它基于命令行，并可以显示命令执行结果。sqlite3 工具被集成在 Android 系统中，用户在命令行界面中输入 sqlite3 即可启动 sqlite3 工具，并显示版本信息。表 7-6 是 sqlite3 中的部分常见命令。

表 7-6 sqlite3 中的部分常见命令

命　令	说　明
sqlite>. help	输出帮助信息
sqlite>. database	查看数据库文件信息命令
sqlite>. quit 或 sqlite>. exit	退出终端命令
sqlite>. show	列出当前显示格式的配置
sqlite>. schema	显示数据库结构
sqlite>. dump	将数据库以 SQL 文本形式导出
sqlite>. mode	设置显示模式，有多种显示模式，默认的是 list 显示模式
sqlite>. headers on/off	显示/关闭标题栏
sqlite>. separator 分隔符	设置分隔符

Android 提供了创建和使用 SQLite 数据库的 API。在 Android 系统中，主要由类 SQLiteDatabase 和 SQLiteOpenHelper 对 SQLite 数据库进行管理和操作。

1. SQLiteDatabase 类

在 Android 系统中主要由 SQLiteDatabase 对象对 SQLite 数据库进行管理，SQLiteDatabase 类提供了一系列操作数据库的方法，详见表 7-7。

表 7-7 SQLiteDatabase 类的常用方法

方　法	说　明
openOrCreateDatabase(String path, SQLiteDatabase. CursorFactory factory)	打开或创建数据库
openDatabase(String path, SQLiteDatabase. CursorFactory factory, int flags)	打开指定的数据库
insert(String table, String nullColumnHack, ContentValues values)	新增一条记录
delete(String table, String whereClause, String[] whereArgs)	删除一条记录
query(String table, String[] columns, String selection, String[] selectionArgs, String groupBy, String having, String orderBy)	查询一条记录

续表

方　　法	说　　明
update(String table,ContentValues values,String whereClause,String [] whereArgs)	修改记录
execSQL(String sql)	执行一条 SQL 语句
close()	关闭数据库

2. SQLiteOpenHelper 类

SQLiteOpenHelper 是一个非常重要的辅助类，用于帮助创建、更新和打开一个数据库。SQLiteOpenHelper 类中的常用方法见表 7-8。

表 7-8　SQLiteOpenHelper 类的常用方法

方　　法	说　　明
public SQLiteOpenHelper (Context context, String name, SQLiteDatabase. CursorFactory factory, int version)	构造方法，指明要操作的数据库的名称以及版本号
public synchronized void close()	关闭数据库
public synchronized SQLiteDatabase getReadableDatabase()	以只读的方式创建或者打开数据库
public synchronized SQLiteDatabase getWriteableDatabase()	以修改的方式创建或者打开数据库
public abstract void onCreate(SQLiteDatabase db)	创建数据表格
public abstract void onUpgrade (SQLiteDatabase db, int oldVersion, int newVersion)	更新数据库
public void onOpen(SQLiteDatabase db)	打开数据库

继承 SQLiteOpenHelper 类时，需要重写 onCreate()和 onUpgrade()两个方法。onCreate()方法只是在第一次使用数据库时才会被调用；当数据库版本有更新时，会调用 onUpgrade()方法。程序员不应该直接调用这两个方法，而应由 SQLiteOpenHelper 类来决定何时调用这两个函数。

SQLiteOpenHelper 的示例代码如下：

```
    private static class DBOpenHelper extends SQLiteOpenHelper{
        private static final String DB_CREATE=" create table if not exists "+TABLE_
NAME+" ("+ID+" integer primary key autoincrement,"+NAME+" varchar,"+ PHONE_NUMBER+"
varchar,"+ADDRESS+" varchar,"+EMAIL+" varchar)";
    public  DBOpenHelper  ( Context  context,  String  name,  SQLiteDatabase.
CursorFactory factory, int version)
        {
```

```
            super(context, name, factory, version);
        }
        @Override
        public void onCreate(SQLiteDatabase arg0) {
            arg0.execSQL(DB_CREATE); // 执行时，若表不存在，则创建
        }
        @Override
        public void onUpgrade(SQLiteDatabase arg0, int arg1, int arg2) {
        //数据库被改变时，将原先的表删除，然后建立新表
            arg0.execSQL("DROP TABLE IF EXISTS "+ DB_TABLE);
            onCreate(arg0);
        }
    }
```

程序员可以直接调用 getReadableDatabase()或者 getWriteableDatabase()方法，这两个函数会根据数据库是否存在、版本号和是否可写等情况，决定在返回数据库实例前，是否需要建立数据库。一旦函数调用成功，数据库实例将被缓存并且被返回。

打开数据库的示例代码如下：

```
    private DBOpenHelper dbOpenHelper;
    private SQLiteDatabase db;
    ……
    public void openDB() throws SQLiteException
        {
            dbOpenHelper=new DBOpenHelper(context, "people.db", null, 1);
            try{
                db=dbOpenHelper.getWritableDatabase();
            }
            catch(SQLiteException ex)
            {
                db=dbOpenHelper.getReadableDatabase();
            }
        }
```

3. 创建数据库

创建数据库的方法有多种：

（1）使用 SQLiteDatabase 类的 openDatabase()方法及 openOrCreateDatabase()方法创建数据库；

（2）使用 SQLiteOpenHelper 的子类创建数据库；

（3）使用 Activity 继承于父类 android. content. Context 创建数据库的方法 openOrCreateDatabase()来创建数据库。

创建的数据库文件存放在/data/data/项目包名/databases 路径下，文件扩展名为. db，如图 7-7 所示。

使用上面第(3)种方法创建数据库实例，然后调用 execSQL()方法执行 SQL 命令，可以

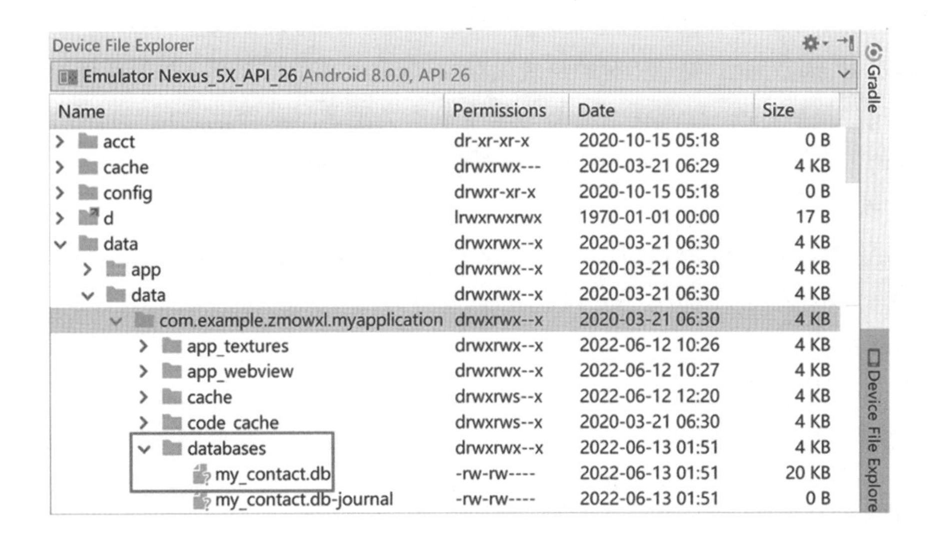

图 7-7 数据库文件的存放位置

完成数据库和数据库表的建立,示例代码如下:

```
SQLiteDatabase db;
db =openOrCreateDatabase("my_contact.db", MODE_PRIVATE, null);
db. execSQL("create table person (id integer primary key autoincrement, "+
        "name varchar(20), "+"phone varchar(20))");
```

如果 my_contact. db 已存在,则 db = openOrCreateDatabase (" my_contact. db", MODE_PRIVATE, null);可实现数据库的打开。

数据库不使用时一定要调用 close()方法关闭数据库,示例代码如下:

```
if(db! =null){
    db.close();
    db=null;
}
```

当要删除数据库时,需要使用 android. content. Context 类的 deleteDatabase(String name)方法,示例代码如下:

```
deleteDatabase("my_contact.db");
```

数据库存储效果示例

7.3.3 操作数据

SQLiteDatabase 类封装了一些操作数据库的 API,使用该类可以完成数据的添加、查询、更新和删除操作。

1. 插入操作

```
public long insert (String table, String nullColumnHack, ContentValues values)
```

参数解释:

table:数据库表名。

nullColumnHack:代表强行插入 null 值的数据列的列名。当 values 参数为 null 或不包含任何键值对时,该参数有效。

values:要插到表格中的一行记录。

向数据表格中添加一条新的记录时，必须借助ContentValues类。其功能与HaspMap类的功能类似，都是采用“键-值”对的形式保存数据，在ContentValues类中所设置的键必须都是String类型的数据，而设置的值都是基本数据类型的封装类。利用ContentValues类提供的put()方法可以向ContentValues实例中添加数据元素。

2. 查询操作

```
    public Cursor query (String table, String[] columns, String selection, String[]
selectionArgs,String groupBy, String having, String orderBy)
```

参数解释：

table：数据库表名。

columns：要查询的列名，相当于select语句中select关键字后面的部分。

selection：查询条件子句，相当于select语句中where关键字后面的部分，在条件子句中允许使用占位符“?”。

selectionArgs：用于为selection子句中的占位符传入数值，值在数据中的位置与占位符在语句中的位置必须一致，否则会出异常。

groupBy：分组，相当于select语句中group by关键字后面的部分。

having：用于对分组过滤。

orderBy：排序。

通过query语句返回的查询结果不是完整的数据集合，而是该集合的指针，该指针是Cursor类型。Cursor类支持在查询结果中以多种方式移动。Cursor类的常用方法如表7-9所示。

表7-9 Cursor类的常用方法

方　法	说　明
moveToFirst	将指针移动到第一条数据上
moveToNext	将指针移动到下一条数据上
moveToPrevious	将指针移动到上一条数据上
getCount	获取集合中的条目个数
getColumnIndexOrThrow	返回指定属性名称的列号，如果不存在，则产生异常
getColumnName	返回指定列号的属性名称
getColumnIndex	根据属性名称返回列号
moveToPosition	将指针移动到指定位置的数据上
getPosition	返回当前的指针位置

示例代码如下：

```
Cursor cursor =db.query("person",null , null, null, null, null, null);
while(cursor.moveToNext() ) {
    name1 =cursor.getString(cursor.getColumnIndex("name"));
    txt.append(name1+"\n");
}
cursor.close();
```

3. 更新操作

```
public int update (String table, ContentValues values, String whereClause, String[] whereArgs)
```

参数解释：

table：数据库表名。

values：更新的数据。

whereClause：满足该 whereClause 子句的记录将会被更新。

whereArgs：用于为 whereClause 子句传入参数。

4. 删除操作

```
public int delete (String table, String whereClause, String[] whereArgs)
```

参数与 update()函数相同。

7.4 数据共享

7.4.1 内容提供器 ContentProvider

内容提供器是 Android 系统四大组件之一，用于保存和检索数据，是 Android 系统中不同应用程序之间共享数据的接口。

Android 中，各应用程序运行在不同的进程空间，因此不同应用程序之间的数据不可以直接访问。但 Android 中的 ContentProvider 机制可支持在多个应用程序中存储和读取数据。使用 ContentProvider 指定需要共享的数据，而其他应用程序则可以在不知道数据来源、存储方式和存储路径的情况下，对共享数据进行增删改查等操作，因此增强了应用程序之间的数据共享能力。Android 内置的许多数据都是使用 ContentProvider 形式，如视频文件、音频文件、图像文件和通信录等，这些数据存储在文件系统或 SQLite 数据库中。

ContentProvider 类在 android. content 包中，其常用操作方法如表 7-10 所示。

表 7-10　ContentProvider 的常用操作方法

方　法	说　明
public abstract int delete(Uri uri, String selection, String selectionArgs)	根据指定的 Uri 删除记录，并返回删除记录的条目数量
public abstract String getType(Uri uri)	根据指定的 Uri，返回操作的 MIME 类型
public abstract Uri insert(Uri uri, ContentValues values)	根据指定的 Uri 增加记录，并且返回增加后的 Uri，在此 Uri 中会附带新数据的 ID
public abstract Cursor query(Uri uri, String[] projection, String selection, String[] selectionArgs, String sortOrder)	根据指定的 Uri 执行查询操作，所有的查询结果通过 Cursor 对象返回
public abstract int update(Uri uri, ContentValues values, String selection, String[] selectionArgs)	根据指定的 Uri 进行记录的更新操作，并且返回更新记录的条目数量

表 7-10 列出的 ContentProvider 常用操作方法中都有 Uri 类型的参数。

Uri 是通用资源标识符，用来定位远程或本地的可用资源。Uri 的语法结构如下：

```
scheme://<Authority>/<data_path>/<id>
```

7.4.2 使用内容提供器

在创建 ContentProvider 之前，首先要创建底层的数据源，数据源可以是数据库、文件系统或网络等，然后继承 ContentProvider 类实现基本数据操作的接口函数。内容提供器继承于 ContentProvider 基类，ContentProvider 类是抽象类，因此需要重写它的 onCreate()、delete()、getType()、insert()、query()、update()等抽象方法。

每个系统的 ContentProvider 都拥有一个公共的 Uri 以供访问。使用时，根据这个 Uri 以及提供的属性字段就可以实现访问。调用者不能调用 ContentProvider 的接口函数，而要使用 ContentResolver 对象，通过 Uri 间接调用 ContentProvider，如图 7-8 所示。

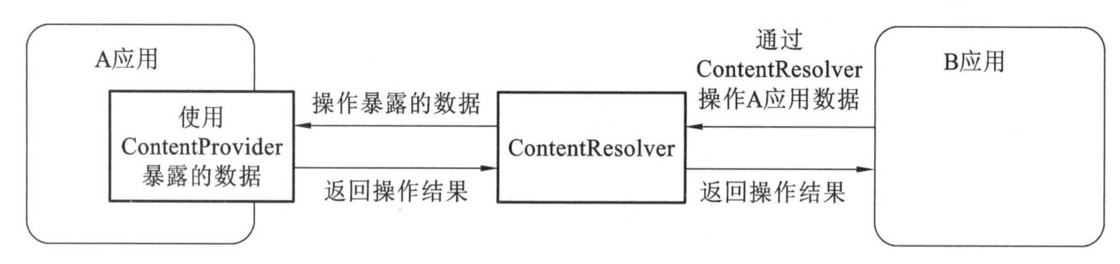

图 7-8 ContentProvider

当外部应用需要对 ContentProvider 中的数据进行添加、删除、修改和查询操作时，就需要使用 ContentResolver 类来完成；要获取 ContentResolver 对象，可以使用 Context 提供的 getContentResolver()方法。

Android 使用内容提供器提供了一些系统数据供我们访问，其中短信的 Uri 地址为：content://sms/。访问短信的示例代码如下：

```
Uri uri=Uri.parse("content://sms/");
ContentResolver resolver =getContentResolver();
Cursor cursor =resolver.query(uri,new String[]{"_id", "address","body", "
date", "type"}, null,null,null);
```

如果应用需要通过 ContentProvider 对外共享数据，需要继承 ContentProvider 并重写以下方法：

```
public class MyContentProvider extends ContentProvider{
public boolean oncreate()
public Uri insert(Uri uri,Contentvalues values)
public int delete(Uri uri,string selection,string[] selectionArgs)
public int update (Uri uri, ContentValues values, String selection, String []
selectionArgs )
public Cursor query(Uri uri, String [] projection, String selection, String []
selectionArgs,String sortOrder)public String getType(Uri uri)
```

```
public string getType(Uri uri)
}
```

ContentProvider 是四大组件之一，因此必须在配置文件中注册，示例代码如下：

```
<provider
        android:name=".MyContentProvider"
        android:authorities= "cn.itcast.db.personprovider" >
</provider>
```

其中，authority 用于唯一标识这个 ContentProvider，外部调用者可以根据这个标识来找到它。

在 Android Studio 中可以使用系统导航，在项目中自动生成 ContentProvider，并自动在配置文件中注册，如图 7-9 和图 7-10 所示。

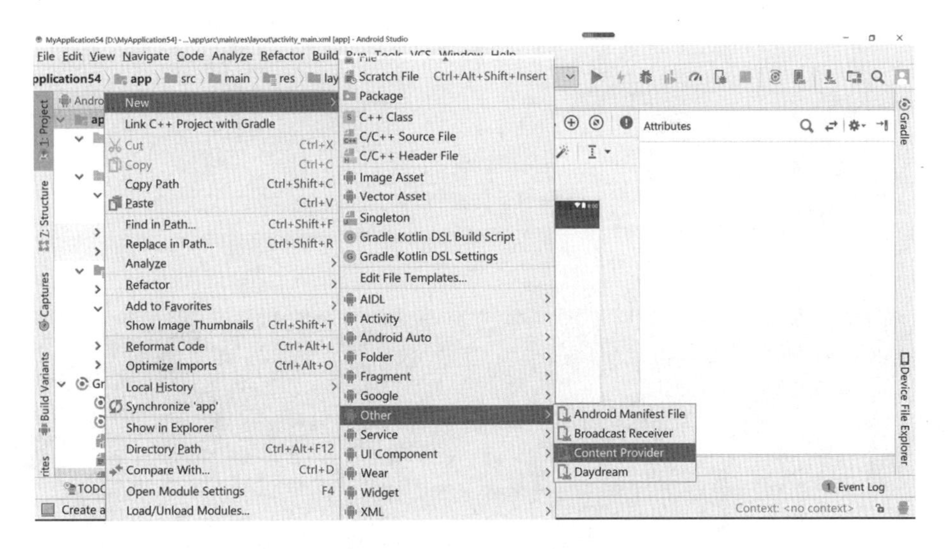

图 7-9 自动生成内容提供器

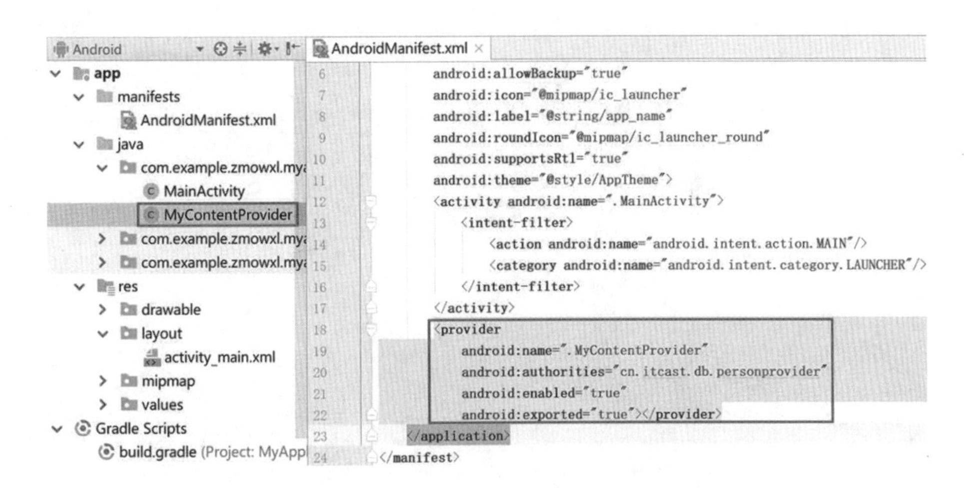

图 7-10 生成内容提供器后的项目结构和配置文件

第8章

网络通信

由于网络通信费时费力，影响用户体验，因此在 Android 3.0 后，网络通信过程全部要求在非主线程(UI 线程)中进行。

本章详细讲解 Android 系统网络通信编程，学习获取文本和图片等网络资源的方法。

8.1 使用 WebView 显示网页

8.1.1 浏览器引擎 WebKit

WebKit 是一个开源的浏览器引擎，WebKit 内核具有非常好的网页解析机制，很多应用系统都使用 WebKit 作为浏览器的内核。Android 内部集成了 WebKit，如图 8-1 所示。

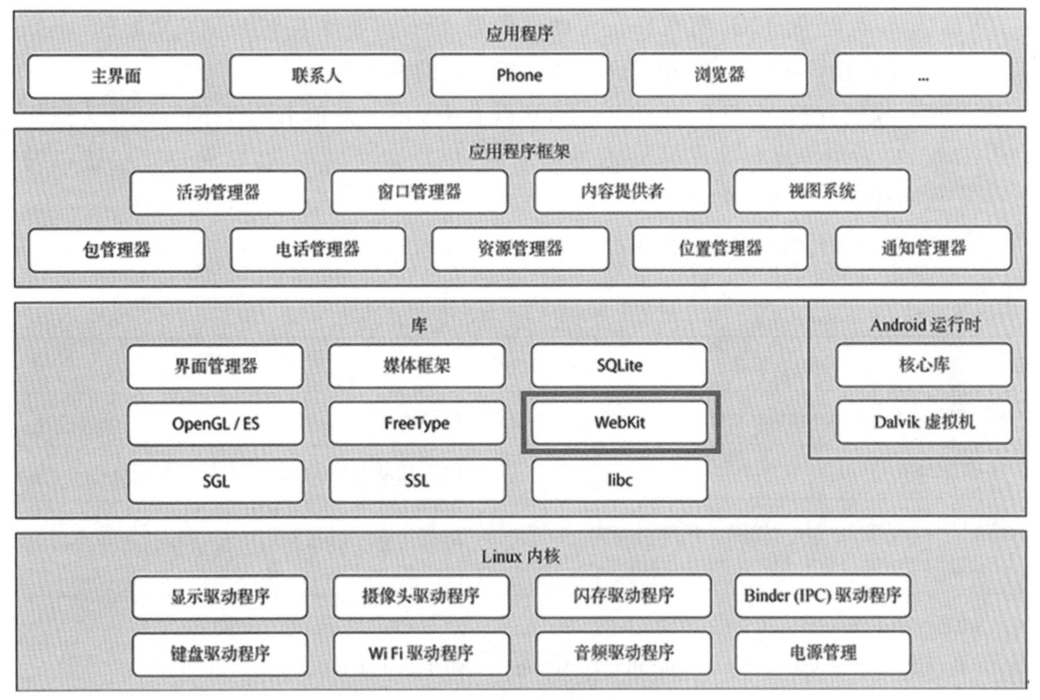

图 8-1 Android 内部集成 WebKit

Android 对 WebKit 做了进一步的封装，并提供了丰富的 API。Android 平台的 WebKit 模块由 Java 层和 WebKit 库两个部分组成，Java 层负责与 Android 应用程序进行通信，而 WebKit 库负责实际的网页排版处理。WebKit 包中的几个重要类见表 8-1。

表 8-1 WebKit 包中的几个重要类

类名	说明
WebSettings	用于设置 WebView 的特征、属性等
WebView	显示 Web 页面的视图对象，用于网页数据载入、显示等操作

续表

类　名	说　明
WebViewClient	在 Web 视图中帮助处理各种通知、请求事件
WebChromeClient	Google 浏览器 Chrome 的基类，辅助 WebView 处理 JavaScript 对话框、网站的标题、网站的图标、加载进度条等

◆ 8.1.2 Web 视图对象

在 Android 中要使用这个内置的浏览器需要通过 WebView 组件来实现，通过 WebView 组件可以轻松实现显示网页功能。

1. WebView 类

WebView 类是 WebKit 模块 Java 层的视图类，所有需要使用 Web 浏览功能的 Android 应用程序都要创建该视图对象，用于显示和处理请求的网络资源。

WebKit 模块支持 HTTP、HTTPS、FTP 以及 JavaScript 请求。WebView 作为应用程序的 UI 接口，为用户提供了一系列的网页浏览、用户交互接口，客户通过这些接口访问 WebKit 核心代码。

WebView 类的常用方法见表 8-2。

表 8-2　WebView 类的常用方法

方　法	描　述
WebView(Context context)	构造方法
loadUrl(String url)	用于加载指定 URL 对应的网页
loadData(String data, String mimeType, String encoding)	用于将指定的字符串数据加载到浏览器中
loadDataWithBaseURL(String baseUrl, String data, String mimeType, String encoding, String historyUrl)	用于基于 URL 加载指定的数据
capturePicture()	用于创建当前屏幕的快照
goBack()	返回上一页面
goForward()	向前一页面
stopLoading()	用于停止加载当前页面
reload()	重新加载网页
clearHistory()	清除历史记录
getSettings()	获取 WebSettings 对象
addJavascriptInterface(Object obj,String interfaceName)	将对象绑定到 JavaScript，允许从网页控制 Android 程序，从网页调用该对象的方法

2. 使用 WebView 浏览网页

WebView 组件是专门用来浏览网页的，它的使用方法与其他组件一样，可以在 XML 布局文件中使用<WebView>标记添加，也可以在 Java 文件中通过 new 关键字创建出来。推荐使用第一种方法。

在 XML 布局文件中添加一个 WebView 组件可以使用下面的代码：

```
<WebView
    android:id="@+id/webView1"
    android:layout_width="match_parent"
    android:layout_height="match_parent" />
```

设置 WebView 组件要显示的网页：

- 互联网用 webView. loadUrl("http://www. baidu. com")；
- 本地文件用 webView. loadUrl("file:///android_asset/test. html")。

本地文件要存放在项目的 assets 目录中，如图 8-2 所示。将 Android Studio 编辑器调整成“project”模式，再在“main”目录下新建“assets”目录，在“assets”目录下新建一个 HTML 程序 test. html。

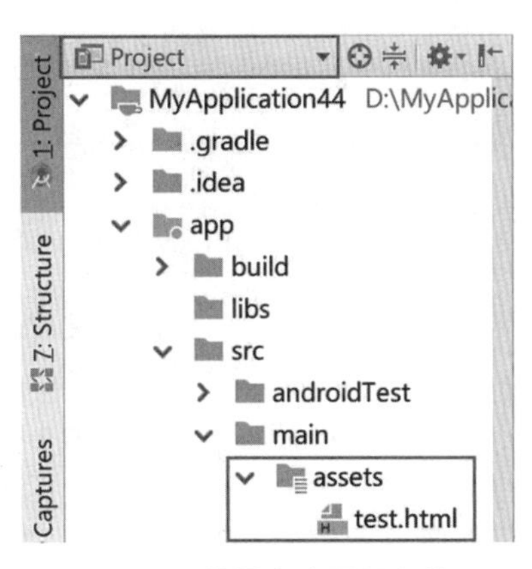

图 8-2 放置本地网页文件

3. 使用 WebView 加载 HTML 代码

WebView 组件提供了 loadData()方法和 loadDataWithBaseURL()方法来加载 HTML 代码。若 HTML 内容带有中文，使用 loadData()方法加载会产生乱码，而使用 loadDataWithBaseURL()方法则不会。

loadDataWithBaseURL()方法的基本语法格式如下：

```
    loadDataWithBaseURL(String baseUrl, String data, String mimeType, String
encoding, String historyUrl)
```

loadDataWithBaseURL()方法的参数说明见表 8-3。

表 8-3 loadDataWithBaseURL()方法的参数说明

参　数	说　明
baseUrl	用于指定当前页使用的基本 URL。如果为 null，则使用默认的 about:blank，也就是空白页

续表

参　数	说　明
data	用于指定要显示的字符串数据
mimeType	用于指定要显示内容的 MIME 类型。如果为 null，默认使用 text/html
encoding	用于指定数据的编码方式
historyUrl	用于指定当前页的历史 URL，也就是进入该页前显示页的 URL。如果为 null，则使用默认的 about:blank

8.1.3 调用 JavaScript

1. 几个辅助类

1）WebSettings 类

对 WebView 对象的属性做自定义设置时，需要用到 WebSettings 类。WebSettings 类的常用方法见表 8-4。

表 8-4　WebSettings 类的常用方法

方　法	说　明
setAllowFileAccess(boolean flag)	设置是否允许访问文件数据
setJavaScriptEnabled(boolean flag)	设置是否支持 JavaScript 脚本
setBuiltInZoomControls(boolean flag)	设置是否支持缩放
setBlockNetworkImage (boolean flag)	设置是否禁止显示图片，true 为禁止显示
setDefaultFontSize (int size)	设置默认字体大小，在 1～72 之间取值
setTextZoom (int textZoom)	设置页面文字缩放的百分比，默认为 100

2）WebViewClient 类

WebViewClient 类用于对 WebView 对象中各种事件的处理，通过重写这些提供的事件方法，可以对 WebView 对象在页面载入、资源载入或页面访问错误等情况发生时进行各种操作。WebViewClient 类的常用方法见表 8-5。

表 8-5　WebViewClient 类的常用方法

方　法	说　明
onLoadResource(WebView view, String url)	通知 WebView 加载 URL 指定的资源时触发
onPageStarted(WebView view, String url, Bitmap favicon)	页面开始加载时触发
onPageFinished(WebView view, String url)	页面加载完毕时触发

3）WebChromeClient 类

WebChromeClient 类是辅助 WebView 处理 JavaScript 对话框、网站的标题、网站的图标和加载进度条等操作的类，其常用方法见表 8-6。

表 8-6 WebChromeClient 类的常用方法

方 法	说 明
onJsAlert (WebView view, String url, String message, JsResult result)	处理 JavaScript 的 Alert 对话框
onJsPrompt (WebView view, String url, String message, String defaultValue, JsPromptResult result)	处理 JavaScript 的 Prompt 提示对话框
onCloseWindow (WebView window)	关闭 WebView

2. 实现调用 JavaScript

在默认情况下，WebView 组件是不支持 JavaScript 的。让 WebView 支持 JavaScript，要使用 WebView 组件的 WebSettings 对象提供的 setJavaScriptEnabled ( ) 方法让 JavaScript 可用。示例代码如下：

```
webview.getSettings().setJavaScriptEnabled(true);    //设置 JavaScript 可用
```

经过以上设置后，网页中的大部分 JavaScript 代码均可用。但是，对于通过 window.alert()方法弹出的对话框并不可用。要想显示弹出的对话框，需要使用 WebView 组件的 setWebChromeClient()方法来处理 JavaScript 的对话框，具体的代码如下：

```
webview.setWebChromeClient(new WebChromeClient());
```

如果想让 WebView 组件具有放大和缩小网页的功能，需要进行以下设置：

```
webview.getSettings().setSupportZoom(true);
webview.getSettings().setBuiltInZoomControls(true);
```

应用 WebView 对象浏览互联网页面，如图 8-3 所示。

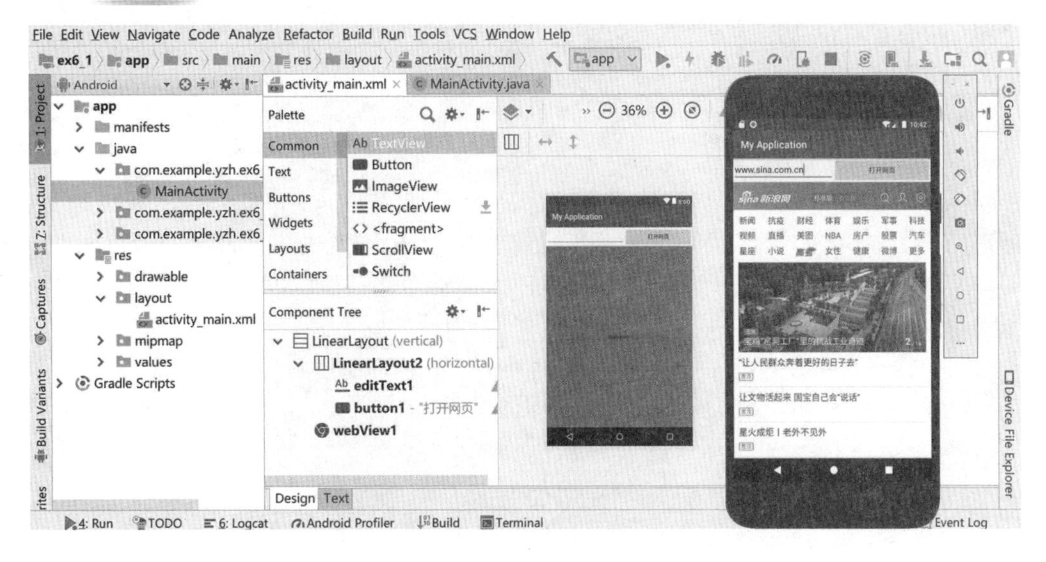

图 8-3 用 WebView 显示互联网页面

需要在配置文件中添加网络权限，如图 8-4 所示。

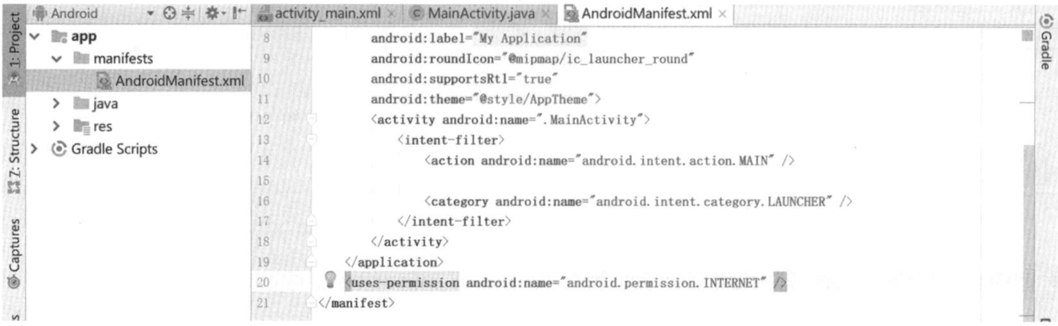
Android
app
manifests
AndroidManifest.xml
java
res
Gradle Scripts
activity_main.xml
MainActivity.java
AndroidManifest.xml
android:label="My Application"
android:roundIcon="@mipmap/ic_launcher_round"
android:supportsRtl="true"
android:theme="@style/AppTheme">
<activity android:name=".MainActivity">
<intent-filter>
<action android:name="android.intent.action.MAIN" />
<category android:name="android.intent.category.LAUNCHER" />
</intent-filter>
</activity>
</application>
<uses-permission android:name="android.permission.INTERNET" />
</manifest>
1: Project
Z: Structure
Captures
Gradle

图 8-4 添加网络权限

MainActivity.java 代码如下：

```
public class MainActivity extends AppCompatActivity {
    WebView webView;
    Button openWebBtn;
    EditText edit;
    @Override
    protected void onCreate(Bundle savedInstanceState) {
        super.onCreate(savedInstanceState);
        setContentView(R.layout.activity_main);
        openWebBtn=(Button)findViewById(R.id.button1);
        edit=(EditText)findViewById(R.id.editText1);
        openWebBtn.setOnClickListener(new mClick());
    }
    class mClick implements View.OnClickListener
    {
        public void onClick(View arg0)
        {
            String url=edit.getText().toString();
            webView=(WebView)findViewById(R.id.webView1);
            webView.setWebViewClient(new WebViewClient());
            webView.loadUrl("http://"+url);
            WebSettings webSettings=webView.getSettings();
            webSettings.setJavaScriptEnabled(true);
        }
    }
}
```

例 8-2 应用 WebView 对象浏览本地网页，如图 8-5 所示。其中，3 个本地页面的 HTML 文件分别如图 8-6、图 8-7 和图 8-8 所示。

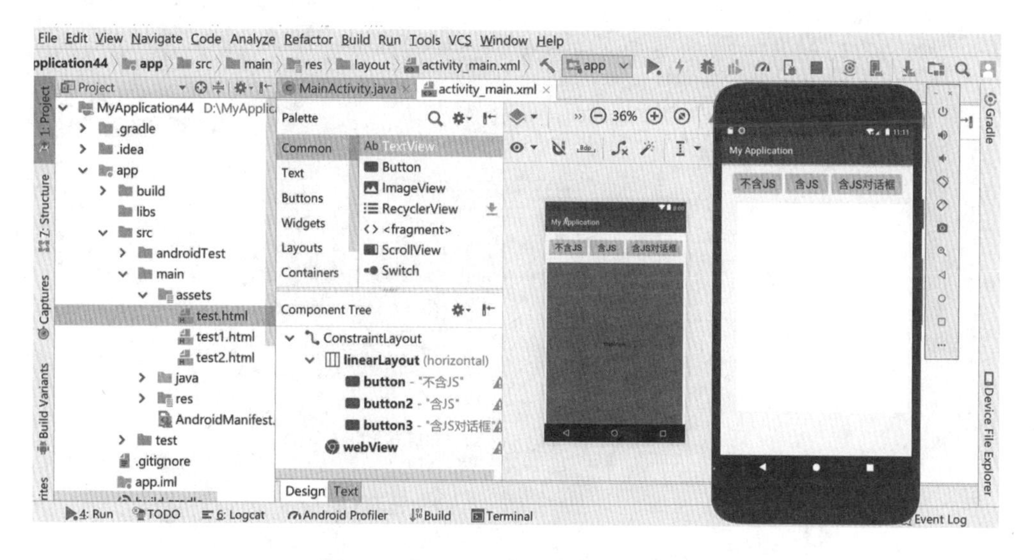

图 8-5　用 WebView 对象浏览本地网页

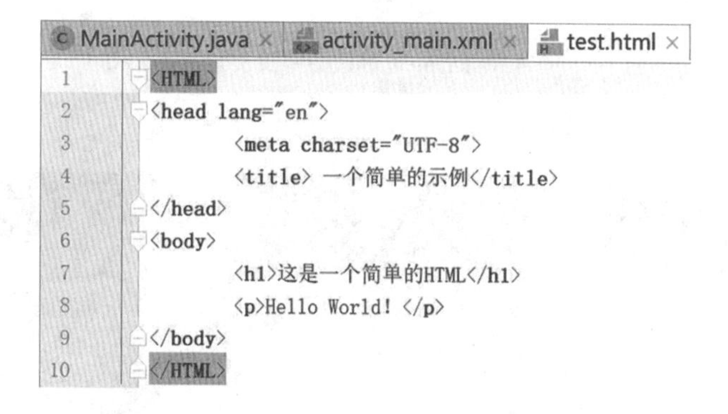

```
<HTML>
<head lang="en">
        <meta charset="UTF-8">
        <title> 一个简单的示例</title>
</head>
<body>
        <h1>这是一个简单的HTML</h1>
        <p>Hello World! </p>
</body>
</HTML>
```

图 8-6　不含 JavaScript 的网页文件 test. html

```
<HTML>
<head>
        <title> 一个简单的Javascript示例</title>
</head>
<body>
<script language="javascript" type="text/javascript" >
   function addAll(a, b, c)
   {
        return a + b + c;
   }
   var total = addAll(10, 20, 30);
   var str="Ran 3 hours,<br>  finally finished the  ";
   document.write("<html><B> " + str + total + "  km!</B></html>");
</script>
</body>
</HTML>
```

图 8-7　含 JavaScript 的网页文件 test1. html

```
<html>
<head>
<title>javascript与android交互</title>
</head>
<script type="text/javascript">
    function show_alert()
    {
        var a = document.getElementById("text").value;
        alert("Hello " + a );
    }
</script>
<body>
<form action="">
<input type="text" id="text" value=""/>
<input type="button" id="button"
            onclick="window.test.android_show()"
            value="call Android"/>
 </form>
 </body>
 </html>
```

图 8-8　含 JavaScript 对话框的网页文件 test2. html

程序运行效果如图 8-9、图 8-10 和图 8-11 所示。

图 8-9　显示 test. html

图 8-10　显示 test1. html

图 8-11　显示 test2. html

MainActivity. java 代码如下：

```
public class MainActivity extends AppCompatActivity {
    WebView webView;
    WebSettings webSettings;
    Handler handler=new Handler();
    @Override
    protected void onCreate(Bundle savedInstanceState) {
```

```
            super.onCreate(savedInstanceState);
            setContentView(R.layout.activity_main);
            webView=(WebView) findViewById(R.id.webView);
            webSettings=webView.getSettings();
            webSettings.setJavaScriptEnabled(true);
        }
        public void onClick1(View view) {
            webView.loadUrl("file:///android_asset/test.html");
        }
        public void onClick2(View view) {
            webView.loadUrl("file:///android_asset/test1.html");
        }
        public void onClick3(View view) {
            MObject mObject=new MObject();
            webView.addJavascriptInterface(mObject,"test");
            MWebChromeClient mWebChromeClient=new MWebChromeClient();
            webView.setWebChromeClient(mWebChromeClient);
            webView.loadUrl("file:///android_asset/test2.html");
        }
        class MObject extends Object{
            @JavascriptInterface
            public void  android_show()
            {
                handler.post(new Runnable()
                {
    public void run()
                    {
                        System.out.println("提示:调用了多线程的 run()方法!!");
                        webView.loadUrl("javascript: show_alert()");
                    }
                });
            }
        }
        class MWebChromeClient extends WebChromeClient
        {
            @Override
             public boolean onJsAlert (WebView view, String url, String message,
JsResult result)
            {
                Toast.makeText(getApplicationContext(), message, Toast.LENGTH_
LONG).show();
```

```
                    return true;
                }
            }
        }
```

8.2 通过 HTTP 访问网络

8.2.1 HTTP 协议

HTTP(hyper text transfer protocol)协议即超文本传输协议，它规定了浏览器和万维网服务器之间互相通信的规则。

使用手机客户端访问网站时，会发送一个 HTTP 请求。当服务器端接收到这个请求后，会做出响应并将页面返回给客户端浏览器。这个请求和响应的过程实际上就是 HTTP 通信的过程，如图 8-12 所示。

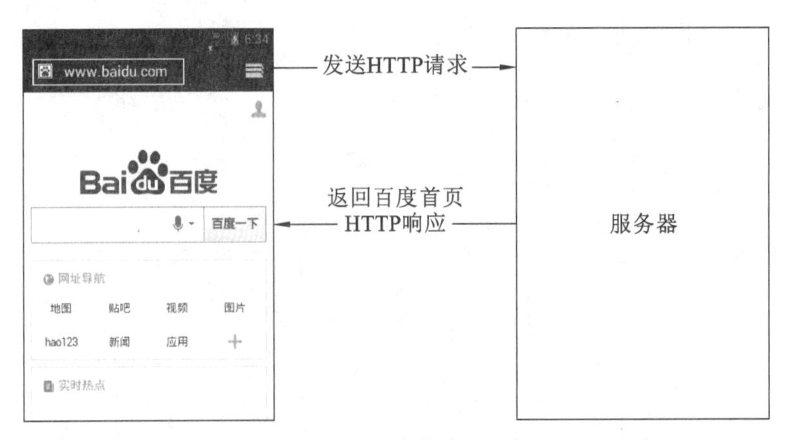

图 8-12 HTTP 通信过程

HTTP/1.1 协议中共定义了八种方法来表明 Request-URL 指定的资源的不同操作方式。其中常用的两种请求方式是 GET 和 POST。

GET 方式与 POST 方式的区别：

● GET 方式以实体的方式得到由请求 URL 所指向的资源信息，向服务器提交的参数跟在请求 URL 后面。使用 GET 方式访问网络 URL 的长度是有限制的，请求 URL 的长度要小于 1 K。

● POST 方式用来向目的服务器发出请求，要求它接收被附在请求后的实体。它向服务器提交的参数在请求后的实体中，POST 方式对 URL 的长度是没有限制的。

两种方式中，POST 的安全性更高。

8.2.2 使用 HttpURLConnection 访问网络

HttpURLConnection 是一个标准的 Java 类，它是 URLConnection 的子类，在其基础上增加了一些用于操作 HTTP 资源的便捷方法。

要创建一个网站对应的 HttpURLConnection 对象，可以使用下面的代码：

```
URL url=new URL("http://www.whsw.net/");
HttpURLConnection urlConnection=(HttpURLConnection) url.openConnection();
```

如果为连接指定请求的发送方式为 POST，可以使用下面的代码：

```
urlConnection.setRequestMethod("POST");
```

在使用 HttpURLConnection 对象访问网络时，需要设置超时时间。如果不设置超时时间，在网络异常的情况下，会取不到数据而一直等待导致程序僵死不往下执行。示例代码如下：

```
URL url=new URL("http://124.223.105.210/img/1.jpg");
HttpURLConnection conn=(HttpURLConnection)url.openConnection();
conn.setRequestMethod("GET");
conn.setConnectTimeout(5000);
InputStream is=conn.getInputStream();
try{
        //读取流信息，获得服务器返回的数据
}catch(Exception e){
}
conn.disconnect();
```

由于 HttpURLConnection 是 Java 的标准类，没有进行封装，所以需要进行比较复杂的设置，用起来不太方便。

在使用 HttpURLConnection 前，需要调用 StrictMode 类的两个方法：

- 线程管理 StrictMode. setThreadPolicy()；
- 虚拟机对象管理 StrictMode. setVmPolicy()。

StrictMode 类通常用于捕获磁盘访问或者网络访问中与主进程之间交互产生的问题，因为在主进程中，UI 操作和一些动作的执行是最经常用到的，它们之间会产生一定的冲突问题。将磁盘访问和网络访问从主线程中剥离，可以使磁盘或者网络的访问更加流畅，提升响应度和用户体验。

从 Web 服务器读取图像文件，如图 8-13 所示。需要添加网络权限。

图 8-13　从 Web 服务器读取图像文件

MainActivity. java 代码如下：

```
public class MainActivity extends AppCompatActivity {
    ImageView img;
    TextView txt1, txt2;
    HttpURLConnection conn =null ;
    InputStream inStrem =null;
    Stringstr="http://124.223.105.210/img/1.jpg";
    HHandler mHandler;
    @Override
    protected void onCreate(Bundle savedInstanceState) {
        super.onCreate(savedInstanceState);
        setContentView(R.layout.activity_main);
        img=(ImageView)findViewById(R.id.imageView);
        txt1=(TextView) findViewById(R.id.textView);
        txt2=(TextView)findViewById(R.id.textView2);
        mHandler=new HHandler();
    }

public void click(View v) {
        StrictMode.setThreadPolicy(
            new StrictMode
                        .ThreadPolicy
                        .Builder()
                        .detectDiskReads()
                        .detectDiskWrites()
                        .detectNetwork()
                        .penaltyLog()
                        .build()
            );
            StrictMode.setVmPolicy(
                new StrictMode
                        .VmPolicy
                        .Builder()
                        .detectLeakedSqlLiteObjects()
                        .detectLeakedClosableObjects()
                        .penaltyLog()
                        .penaltyDeath()
                        .build()
            );

        try {
            URL url=new URL(str);
            conn=(HttpURLConnection) url.openConnection();
```

```
            conn.setConnectTimeout(5000);
            conn.setRequestMethod("GET");
            if ( conn.getResponseCode()==200) {
                inStrem=conn.getInputStream();
                Bitmap bmp=BitmapFactory.decodeStream(inStrem);
                mHandler.obtainMessage(0, bmp).sendToTarget();
int result=inStrem.read();
                while (result ! =- 1){
                    txt1.setText((char)result);
                    result=inStrem.read();
                }
                inStrem.close();
                txt1.setText("(1)建立输入流成功!");
            }
        }catch(Exception e2)  { txt1.setText("(3)IO 流失败");}
}

class HHandler extends Handler
   {
      public void handleMessage(Message msg){
            super. handleMessage( msg);
            txt2.setText("(2)下载图像成功!");
            img.setImageBitmap((Bitmap) msg.obj);
        }
    }
}
```

8.3 网络通信框架 Volley

8.3.1 Volley 简介

网络通信是一件很影响效率的工作，Android 在高版本中已经禁止其运行在主线程上，因此需要引入多线程和异步任务的思想和概念。

Google I/O 2013 发布了 Volley。Volley 是 Android 平台上的网络通信库，它融合了网络通信和异步任务的理念，能使网络通信更快、更简单和更健壮。Volley 特别适合数据量不大但通信频繁的场景。

Volley 的基本工作原理如图 8-14 所示。

Volley 的使用过程可以总结为以下两步：

(1) 声明 RequestQueue。RequestQueue 是一个请求队列对象，它可以缓存所有的 HTTP 请求，然后按照一定的算法并发地发出这些请求。RequestQueue 内部的设计非常适合高并发，因此程序员不必为每一次 HTTP 请求都创建一个对象，基本上在每一个需要和

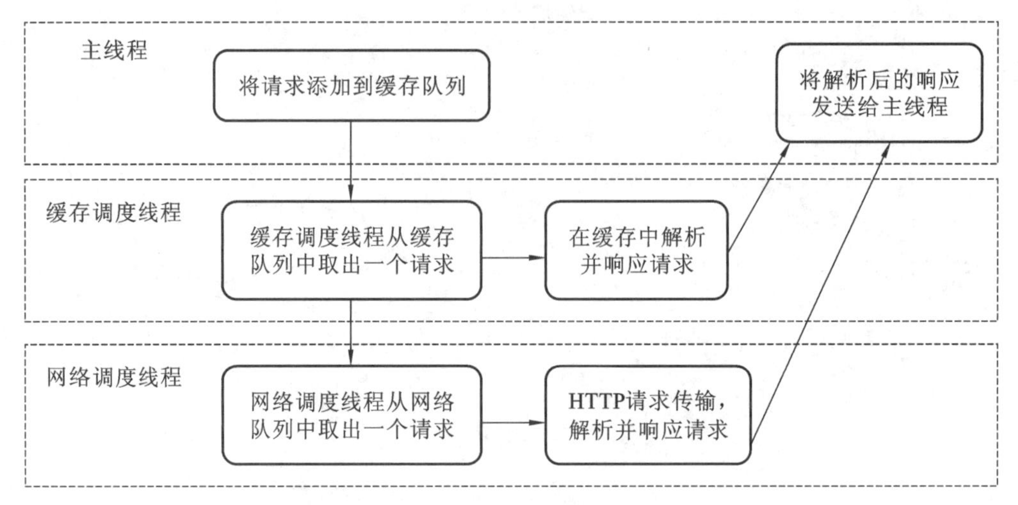

图 8-14　Volley 的基本工作原理

网络交互的 Activity 中创建一个 RequestQueue 对象就足够了。

(2) 为了获得请求的响应，我们需要根据响应的结果，调用不同的 Request 对象。

由于返回结果主要分为字符串、JSON 格式和图片类型，因此经常用的是 StringRequest、JsonRequest 和 ImageRequest 对象。需要注意的是，每次使用 Request 对象时，最后一定要将其加到 RequestQueue 队列中。

8.3.2　Volley 的下载和安装

可以到国内有关网站上下载 volley. jar。将 Android Studio 编辑器调整成"Project"模式，把下载好的 volley. jar 复制粘贴到应用项目的 app\libs 目录下，如图 8-15 所示。

图 8-15　复制 volley. jar 到项目

右击 volley. jar 项，在弹出的菜单中选择"Add As Library"项，完成 jar 包的安装，如图 8-16 所示。

随着 Android 应用开发的不断发展，目前已经有越来越多的第三方工具可以使用，我们可以采用这种方式将其导入项目。

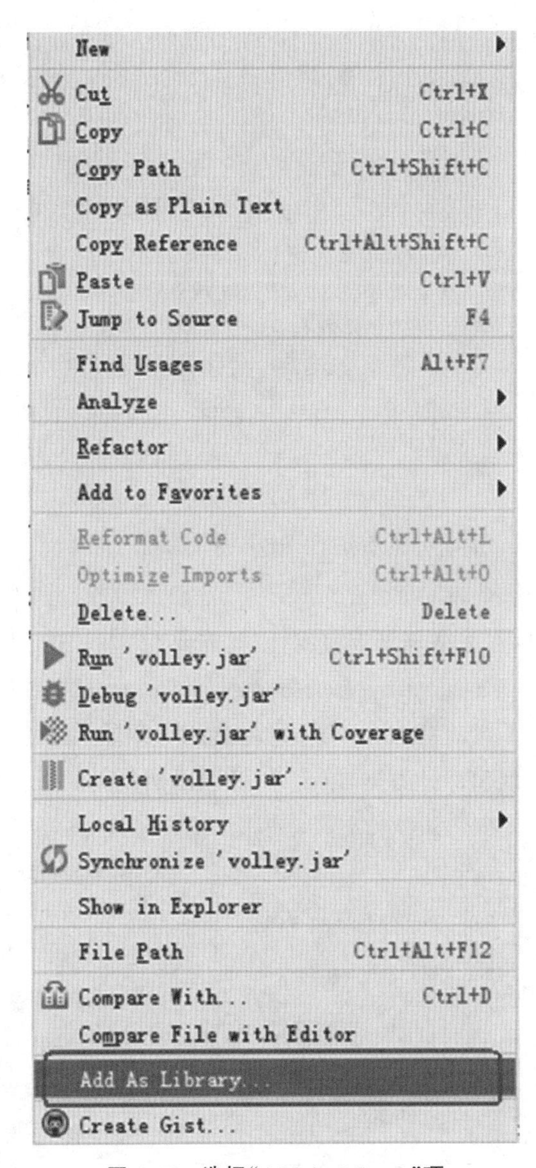

图 8-16　选择"Add As Library"项

Volley
例题效果

8.3.3　Volley 的使用

(1) 创建一个 RequestQueue 对象，方法如下：

```
RequestQueue mQueue=Volley.newRequestQueue(context);
```

注意：这里得到的 RequestQueue 是一个请求队列对象，它可以缓存所有的 HTTP 请求，然后按照一定的算法并发地发出这些请求。

RequestQueue 内部的设计是非常合适高并发的，因此不必为每一次 HTTP 请求都创建一个 RequestQueue 对象，因为这样非常浪费资源，基本上在每一个需要和网络交互的 Activity 中创建一个 RequestQueue 对象就可以了。

(2) 要发出一条 HTTP 请求，还需要创建一个 Request 对象，例如：

```
StringRequest stringRequest=new StringRequest("http://www.baidu.com",
                        new Response.Listener<String>() {
                            @Override
                            public void onResponse(String response) {
                                Log.d("TAG", response);
                            }
                        }, new Response.ErrorListener() {
                            @Override
                            public void onErrorResponse(VolleyError error) {
                                Log.e("TAG", error.getMessage(), error);
                            }
                        });
```

(3) 将这个 StringRequest 对象添加到 RequestQueue 里面。

```
mQueue.add(stringRequest);
```

(4) 上述过程都需要在网络环境下完成，因此需要在 Manifest 文件中增加上网权限：

```
<uses-permission android:name="android.permission.INTERNET"></uses-permission>
```

如果通过 Volley 获取 JSON 数据，以上第(2)中示例代码如下：

```
JsonRequest jsonObjectRequest=new JsonObjectRequest("http://124.223.105.210/json/jsonData1.json",null
        new Response.Listener<JSONObject>() {
            @Override
            public void onResponse(JSONObject response) {
            //mNetworkJsonData 是已经定义好的 TextView 控件
                mNetworkJsonData.setText(response.toString());
            }
        }, new Response.ErrorListener() {
            @Override
            public void onErrorResponse(VolleyError error) {
              mNetworkJsonData.setText("sorry,Error");
            }
        });
```

最后再将这个 JsonObjectRequest 对象添加到 RequestQueue 里。

如果通过 Volley 加载图片资源，以上第(2)中示例代码如下：

```
ImageRequest request= new
ImageRequest("http://124.223.105.210/img/1.jpg",
        new Response.Listener<Bitmap>() {
            @Override
```

```
            public void onResponse(Bitmap arg0) {
                // imageView1 为定义好的 ImageView 控件
                imageView1.setImageBitmap(arg0);
            }
        }, 100, 100, Config.ARGB_8888,
        new Response.ErrorListener() {
            @Override
            public void onErrorResponse(VolleyError arg0) {
                // TODO Auto-generated method stub
                Toast.makeText(LoginActivity.this, arg0.toString(),
                    Toast.LENGTH_SHORT).show();
            }
});
```

最后再将这个 ImageRequest 对象添加到 RequestQueue 里。

应用 Volley 框架访问 Web 服务器，如图 8-17 所示。需要添加网络权限。

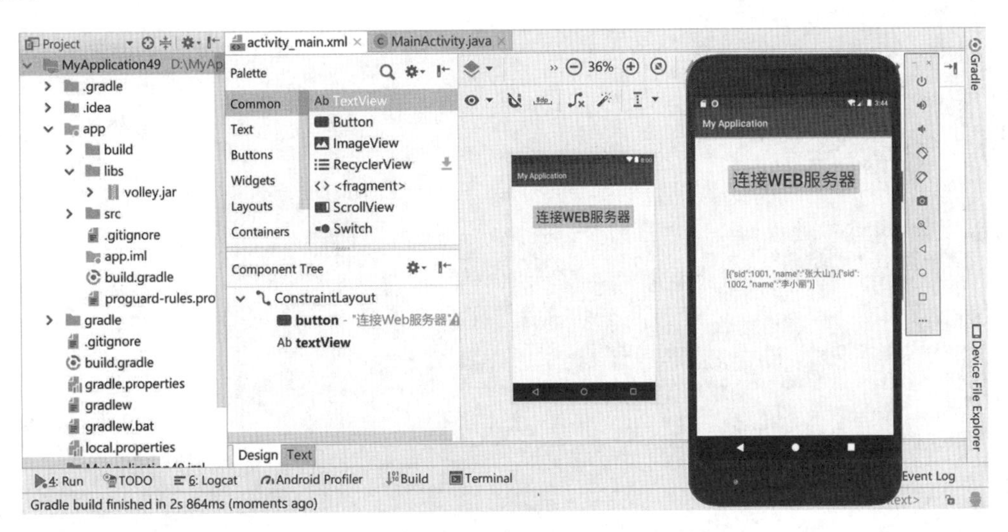

图 8-17　应用 Volley 框架访问 Web 服务器

MainActivity. java 代码如下：

```
public class MainActivity extends AppCompatActivity {
    TextView txt;
    @Override
    protected void onCreate(Bundle savedInstanceState) {
        super.onCreate(savedInstanceState);
        setContentView(R.layout.activity_main);
        txt=(TextView) findViewById(R.id.textView);
    }
```

```
public void click(View v) {
    RequestQueue mQueue=Volley.newRequestQueue(MainActivity.this);
    StringRequest stringRequest=new StringRequest(
            "http://124.223.105.210/json/jsonData2.json",
            new Response.Listener<String> () {   //volley 的监听器
                @Override
                public void onResponse(String response)
                {txt.setText(response); }
                //onResponse()方法获取接收到的数据值
            },
            new Response.ErrorListener() {
                @Override
                public void onErrorResponse(VolleyError error)
                {  Log.e("TAG", error.getMessage(), error); }
            })
    { //解决汉字乱码
        @Override
            protected  Response < String >  parseNetworkResponse
(NetworkResponse response)
        {
    try {
            String jsonString=new String(response.data, "UTF- 8");
    return Response.success(jsonString,
    HttpHeaderParser.parseCacheHeaders(response));
            } catch (UnsupportedEncodingException e) {
    return Response.error(new ParseError(e));
            } catch (Exception je) {
    return Response.error(new ParseError(je));
            }
        }
    };
    mQueue.add(stringRequest);
  }
}
```

8.4 JSON 数据交换格式

8.4.1 JSON 数据解析

网络通信过程中通常采用的不是随意的字符串，而是比较专业的格式。

JSON(JavaScript Object Notation)是 JavaScript 的一个子集，是一种轻量级的数据交换格式。JSON 的结构基于以下两点：

(1) “名称/值”对的集合：不同语言中，它被理解为对象(object)、记录(record)、结构(struct)、字典(dictionary)、哈希表(hash table)、键列表(keyed list)等。

其书写格式为：键名(key) ：值(value)。

键-值对的键名 key 必须是字符串，后面写一个冒号‘:’，然后是值 value，值 value 可以是字符串、数值、布尔值。例如："firstName" ："John"。

(2) 值的有序列表：多数语言中被理解为数组(array)。

Android 解析 JSON 格式数据需要使用 JSONObject 对象和 JSONArray 对象。

JSON 对象可以包含多个键-值对，要求在花括号‘{ }’中书写，键-值对之间用逗号‘,’分隔。例如：{"sid":1001,"name":"张大山"}。

JSON 数组可以包含多个 JSON 数据做数组元素，每个元素之间用逗号‘,’分隔，要求在方括号‘[ ]’中书写。例如：[{"sid":1001, "name":"张大山"},{"sid":1002, "name":"李小丽"}]。

解析 JSONObject 的示例代码如下：

```
try {
        JSONObject obj=new JSONObject(json1);//json1 是待解析的字符串
        mTextView1.append(obj.getString("sid"));
        mTextView2.append(obj.getString("name"));
} catch (JSONException e) {
        e.printStackTrace();
}
```

解析 JSONArray 的示例代码如下：

```
try {
        JSONArray jsons=new JSONArray(json2); //json2 是待解析的字符串
        int length=jsons.length();
        for(int i=0; i<length; i++) {     //遍历 JSONArray
            JSONObject jsonObject=jsons.getJSONObject(i);
            mTextView1.append(jsonObject.getString("sid") +":");
            mTextView1.append(jsonObject.getString("name") +"\n");
        }
} catch (JSONException e) {
            e.printStackTrace();
}
```

8.4.2 JSON 数据文件

JSON 数据文件的扩展名是.json，可以用记事本或其他编辑工具进行编写。JSON 数据文件需要保存为 utf-8 格式。在记事本中，选择“另存为”命令，将编码格式更改为 utf-8 即可，如图 8-18 所示。

将 Android Studio 编辑器调整成“Project”模式，在“main”目录下新建“assets”目录，在“assets”目录下存放 JSON 文件，如图 8-19 所示。

读取本地 JSON 文件的示例代码如下：

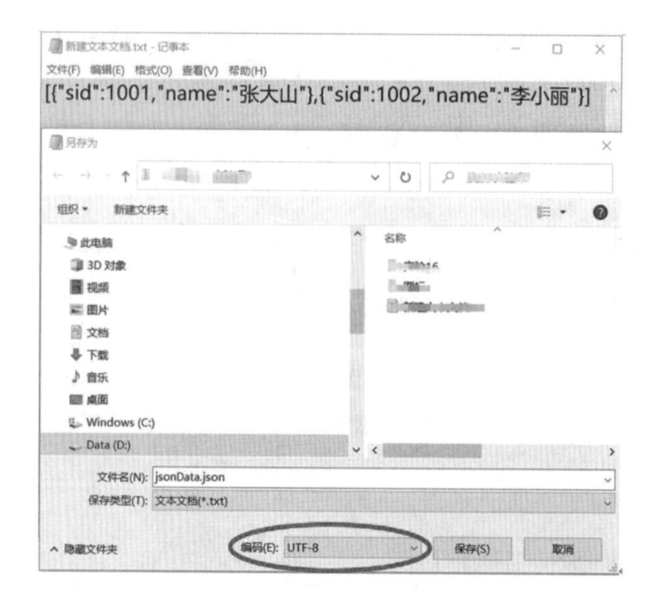

图 8-18　创建 JSON 数据文件

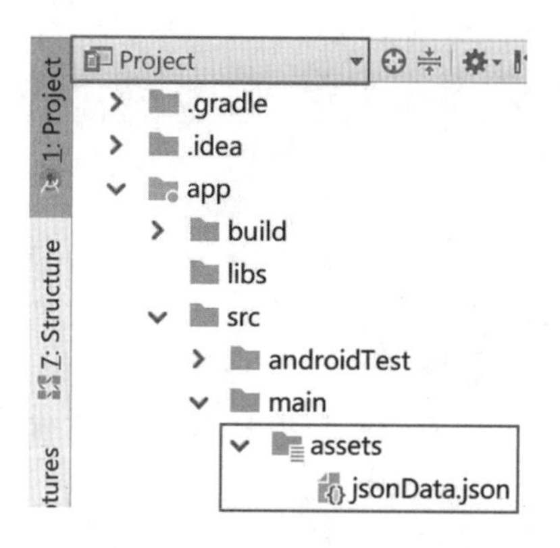

图 8-19　放置本地 JSON 文件

```
InputStreamReader inputStreamReader;
try {
        inputStreamReader=
        new InputStreamReader(getAssets().open("jsonData.json"), "UTF- 8");
        BufferedReader bufferedReader=newBufferedReader(inputStreamReader);
        String line;
        StringBuilder stringBuilder=newStringBuilder();
        while ((line=bufferedReader.readLine()) ! =null)
        stringBuilder.append(line);
        inputStreamReader.close();
        bufferedReader.close();
        //stringBuilder 里存放的是从 JSON 文件中读出的内容,
        //这里将 stringBuilder 转成字符串处理
```

```
            String resultString=stringBuilder.toString();
            mTextView1.append(resultString);
    } catch (UnsupportedEncodingException e) {
            e.printStackTrace();
    } catch (IOException e) {
            e.printStackTrace();
    }
```

JSON 数据文件也可以保存在远程 Web 服务器上，通过 Volley 框架从 Web 服务器的 JSON 文件中读取数据。

参考文献

[1] 张思民. Android Studio 应用程序设计[M]. 2 版. 北京：清华大学出版社，2017.
[2] 李宁宁. 基于 Android Studio 的应用程序开发教程[M]. 北京：电子工业出版社，2016.
[3] 陈佳，李树强. Android 移动开发[M]. 北京：人民邮电出版社，2016.
[4] 传智播客高教产品研发部. Android 移动应用基础教程[M]. 北京：中国铁道出版社，2015.
[5] 李然，李天志，郭倩蓉. Android 移动开发技术[M]. 北京：人民邮电出版社，2021.
[6] 朱大勇. 移动计算及应用开发技术[M]. 北京：人民邮电出版社，2021.